# 染色季

## 充满生机的植物染色

［美］萨莎·迪尔（Sasha Duerr）著
［美］阿亚·布拉克特（Aya Brackett）摄影
宫本丽 译

華中科技大學出版社
http://www.hustp.com
中国·武汉

**图书在版编目（CIP）数据**

染色季：充满生机的植物染色 /（美）萨莎・迪尔（Sasha Duerr）著；（美）阿亚・布拉克特（Aya Brackett）摄影；宫本丽译．—武汉：华中科技大学出版社，2018.4（2024.7重印）

（漫时光）

ISBN 978-7-5680-3434-0

Ⅰ．① 染… Ⅱ．① 萨… ② 阿… ③ 宫… Ⅲ．① 植物－染料染色 Ⅳ．① TS193.62

中国版本图书馆CIP数据核字（2017）第315499号



**染色季：充满生机的植物染色**
RANSE JI: CHONGMAN SHENGJI DE ZHIWU RANSE

［美］萨莎・迪尔 著
［美］阿亚・布拉克特 摄影
宫本丽 译

出版发行：华中科技大学出版社（中国・武汉）
武汉市东湖新技术开发区华工科技园
电话：（027）81321913
邮编：430223

责任编辑：王 娜
责任校对：王丽丽
美术编辑：赵 娜
责任监印：朱 玢

印　　刷：武汉市金港彩印有限公司
开　　本：710 mm × 1000 mm　1/16
印　　张：12.5
字　　数：180千字
版　　次：2024年7月 第1版 第6次印刷
定　　价：69.80 元

投稿邮箱：wangn@hustp.com
本书若有印装质量问题，请向出版社营销中心调换
全国免费服务热线：400-6679-118 竭诚为您服务

# 目 录

# living color

AN INTRODUCTION

## 有生命的色彩

我在美国领土的两个边缘——缅因州海岸线边物种丰富的农场、夏威夷大岛的热带雨林和铺满火山灰的黑沙滩——长大，因此我的室外活动就是探索植物与地域的生物多样性。

整个童年时期，我都被丰富的自然色彩和天然材质包围：洁白的雪、深棕色的淤泥、蔚蓝的大海、粉色的大理石、多孔的黑色火山石。青色的球果在雨水坑里留下紫红色的条纹；手掌大的牛油果从树上掉落到丛林小径上；从附近的灌木丛里采来的芦荟可以治愈被晒伤的皮肤。布满苔藓的森林和竹林里的堡垒使我的童年丰富多彩；我曾用各种花岗岩制作矿物质眼影，用莆薏生姜和红木槿花制作洗发露。大自然的馈赠让我看到了自然与文化的无限可能性。它提供了实际用途和创新机会，也让我在探索身边的植物和生态时有了惊喜和敬畏。

在我二十几岁的时候，作为一个油画家，我意识到我所选择的创作方式可能使我深受头痛和恶心的折磨。由于这些过敏反应，我开始寻求我所使用的这些颜料的替代品。我咨询了我的艺术专业教授，但似乎没有人知道制作出适合我使用的颜料的最佳途径。因为我在图书馆的书中所查到的关于制作天然颜料的信息都有些过时，且缺乏具体的操作说明，所以我就开始研究怎样用植物制作属于我自己的颜料。我很快就发现，我诸多问题的答案并不在绘画中，而是在纺织与纤维艺术中。

带着我要制作自己的颜料的决心，在我大学最后一年学习“从土地到工作室”的课程时，我去了印度尼西亚、印度、尼泊尔，以及中国的西藏地区。在这趟旅行中，我并没有找到多少关于制作可持续植物染料的资源。但是从那时起，我开始明白应该去哪里以及怎样去找合适的、可靠的植物染色资源。回到美国后，在我居住的社区，我开始寻找将植物染色结合在工作中的灵感，同时在我生活过的缅因州和夏威夷“回归田园生活”的社区中，我也在寻找那些伴我成长的东西。

我一边安顿我在旧金山的研究生生活，一边利用业余时间用从城市路边、厨房和农贸市场找到的植物进行制作染料的试验，我所接触到的这些无毒染料，真是让我大开眼界。我爱上了日常生活中的丰富的植物染色原料。但同时我也感到十分担忧，仅仅在几代人的时间里，我们竟然遗失了如此多的植物染色知识。刚搬到旧金山时，我在一个名为“热带雨林行动”的非营利性环保组织和几家当代艺术画廊工作。我开始明白设计和艺术领域、环境保护主义、城市农业运动是怎样逐渐走向合作的。在北加利福尼亚全年都是植物的生长期、海湾地区正致力于创新艺术和设计的情况下，我觉得这正是使植物色彩再次流行的好时机。

2001 年，我到加利福尼亚艺术学院攻读纺织专业的艺术硕士学位，主要是为了加深我与植物染色和使它再次流行的社会实践的联系。作为一名研究生，我获得了来自伯克利公立学校基金会的两年植物染色奖学金，并负责在“可食用的校园”项目（这是一项由餐饮经营者和本地有机慢食倡导者爱丽丝·沃特斯发起的项目）中，编写并讲授无毒植物染色课程。我妹妹和我们最好的朋友也在这个项目中担任园艺教师。我们的工作不是使用有毒化学媒染，而是从堆肥材料中提取染料，具体来说，就是慢食与对慢纺织品、慢时尚的需求之间的关系——这成为我的艺术硕士论文，后来也成了我的事业。在我与“可食用的校园”项目里的老师和学生们一起工作时，以及在工作室中与植物染料相处时，慢纺织品和慢食之间的紧密交织，在我的眼前变得越来越清晰。

正如我们中的许多人失去了食物和烹饪方面的基础知识，转而依靠加工食品一样，用植物染料对时装和纺织品染色的基础知识与实践，也消失在大型时装与纺织企业大量采用合成方式染色的实践中。我们已经丧失了有关植物世界中健康和可持续色彩的基本常识。我们的纺织品和服装大多来自于大规模生产，不体现道德与公平的劳动实践，而且在生产过程中还会对环境造成污染。

在现代，我们常常与所处自然环境的节奏脱节。学习识别植物，自己种植粮食作物，从大自然中获取染料，这些过程直接关系到我们的生态素养。随着人们再次对从植物中获取的色彩感兴趣，我们有机会做一些新的、更健康的设计选择，甚至采取全新的做法来认识色彩。

## 慢食为快时尚带来的启示

有毒的染料会对环境和人类造成巨大的伤害。许多人并未意识到，尽管我们不会食用衣物和纺织品，但制造和处理它们的材料最终都会对我们产生影响。用来制造染料的合成化学物质残留会滞留在我们的空气、水和土壤中。

许多合成化学物质并不能被完全分解，据世界银行估计，世界工业水污染的17% ~ 20%是由纺织品染色及加工造成的。在水中，有 72 种有毒化学物质完全来源于染色过程；而这些有毒化学物质中的 30 种，是不能被清除的。在《纽约时报》2013 年 1 月 11 日发表的一篇文章中，作者丹 • 凡琴介写道，我们当下这种毁灭性的快时尚和合成染料的方式，

让我们陷入了一个“癌症循环圈”。

时尚制造业的“时令性”变化迅速、频繁。“快时尚”这个词表明：一件衣服即使仍具有功能性，也可能不再时髦或得体。不幸的是，我们每个人和我们所生活的环境，都在为剩余滞销的降价商品买单。就像快餐一样，几乎没有人关心快速消费品的加工过程所带来的附加后果和对社会、环境所造成的负面影响。

相反，当你使用植物染料的时候，你会不断地意识到，你是在按照自然的节奏而非人类自己的节奏工作。通过植物染色，你能与植物和它的生长周期，甚至能与原材料的培育产生最直接的联系，这样所获得的原材料的质量通常也会很好。

自然色彩可以从可再生资源中获取，例如从农业副产品的废料和种子中获取，甚至还可以从城市中心获取。农业生产中很多废弃的植物原料也是染料的来源，包括肥田作物，如蚕豆的豆叶和茎秆、加利福尼亚罂粟根、收集的副产品（如菊芋叶和牛油果核），这些都是可获取丰富自然染料的原料。城市、郊区、乡村厨房、餐馆，以及杂货店的许多日常

废品，如洋葱皮、胡萝卜缨和石榴皮，也可以得到再利用，以获取美丽的自然染料，之后还能继续被用于堆肥。

## 植物染色有利于保护生物多样性

植物染料在地球上的每种文化中都有着悠久的历史。对恢复天然植物染色实践的探索，主要依赖于重新发现与信息分享，因为大量的实践知识已经失传。用植物染色不是简单地用自然原材料替代合成材料，而是改变我们关爱自然环境和与自然环境相互影响的方式。

植物染色是一种身临其境的感官体验。用掉落的红木球果所进行的试验是一个令人敬畏的过程，从出现的颜色——深紫红色、紫色和黑色，到染浴的气味，仿佛雨天在海边红树林中漫步。我们自己制作植物染料的过程还可以激发我们的设计潜能，就像大自然那样，既带有目的性，又充满美感。

植物染色的价值在于让我们学会欣赏和珍惜大自然与生俱来的独特性，就像数代相传的水果与蔬菜，为未来的一代保证了生物多样性。

## 永续农业与永续时尚研究机构 Permacouture

因为采用了“叠加功能”的方式，所以我意识到我的植物染色工作与一种叫作“永续农业”的整体设计运动的准则十分吻合。永续农业是一种综合的农业方式，考虑整个生态系统。我欣赏的永续农业是：当从业者做出设计决策的时候，人与地球都会被平等地对待。

从这一理念出发，我在 2007 年创立了永续时尚研究机构 Permacouture，在时装和纺织品行业中探索一种对环境更负责任的做法。在过去的 10 年中，我与同事凯特琳 • 托斯 • 菲姬、迪帕 • 纳塔拉，以及其他合作伙伴和许多志愿者、实习生，进行了许多植物染色试验，并与许多厨师、农民、调香师、草药师、花商、葡萄酒商、活动家和教育家合作，以探索在现代社会中如何以对环境无害的方式复兴植物染色。

永续时尚研究机构 Permacouture 是与社区建立联系并试验植物染料的一种很好的方式。在几年间，我们开展了以下活动。

• 组织了名为“为衣橱除草”的社交活动，我们用从社区花园里获得的杂草，对没人要的纺织品和衣物进行染色。

• 通过主办“为食客染色”活动，与厨师们一起探索应季植物染色，通过美味的应季食物和使用这些食物副产品进行植物染色的工作坊，将社区居民紧密联系起来。

• 制作地图，用于追踪常见植物栖息地的位置，你永远不会猜到这些植物竟然可以用来制造染料。

• 在提供租借种子的公共种子库里标记能用来生产纤维和制作染料的植物种子。

我在永续时尚研究机构 Permacouture 的工作启发我要用整体观看待自然的色彩。与跟我一样热爱和享受与植物直接接触的工匠的广泛合作，进一步深化了我的工作。我逐渐喜欢上了植物染色过程中所涉及的社会学与民族植物学的知识。我经常受到同行艺术家、手工匠人和教育家的启发，同时，有关自然色彩的对话也给我带来了前所未有的灵感。

## 季节性与植物染料

在制作植物染料的实践中，我在加利福尼亚的奥克兰和伯克利都寻找和种植了染料植物。因为我通常要使用整株植物，而不是植物提取物，所以我需要十分了解它们生长的季节、生长周期和可能获取的颜色。有了这些知识，我就可以按照不同的季节做出色谱，就像设计季节性的菜单一样。

知晓什么植物是当季的，对从野外环境中寻找和收集的植物染料来说尤为重要。按照季节来染色，我们能够以最轻松的方式获得处于生长旺盛期的原材料。关注自然及自然设计的方式，不论是从颜色的光泽上还是从形式与功能上，都可以获得宝贵的创新设计灵感，从而将其应用到自己的创造性工作中。

使用植物染料是一种让我们与生态循环建立联系，并将这些知识直接运用到设计实践中的最容易的方式。你可以从那件躺在衣橱深处、许久未穿的白色羊毛衫，或者做饭剩下的下脚料开始。

# THE practice of plant DYEING

## 植物染色实践

植物染色的过程与烹饪类似——二者都需要使用配方，找到正确的原材料，并不断试验，掌握时机。了解你所使用的元素，并确保这些元素能够相互融合，往往是获得成功的关键。在使用植物染料的过程中，还有一些能够使其产生细微差别的因素——植物原料的神秘变化、所选择的原材料、生活环境的水质、土壤的肥沃程度、采集原材料的月份等，所有这些都会影响到你最终能从染料缸里得到什么样的颜色。

我为这本书所选择的染料植物都是经过仔细考虑的，主要是季节性植物、食物副产品及日常植物，你可能还没有意识到它们竟然能产生如此绚丽的色彩。除了你可以在自家后院、厨房或当地花店获得的植物外，我还特意为你选择了一些配方，以使你更多地了解你所在的地区及你的生活环境中的一些树木和植物。这些配方和色谱只是从能产生颜色的植物界中所选取的一些样本，目的是激励你开始自己的植物染色试验。同时我也选择了一些传统和古老的基本染料配方。其中，我还加入了一些我这几年在加利福尼亚艺术学院的“从土地到工作室”课程上，或在永续时尚研究机构 Permacouture 的工作室和聚会活动中喜欢上的、鲜为人知的更具试验性的植物染料配方。

我对自然色彩的兴趣越来越浓，也越来越多地投身于研究新的自然色彩配方和寻找新的自然色彩设计和应用方法中。无论是消费者、设计师、艺术家还是教育家们，都渴望学习如何从更时尚、更健康、更具感官体验的来源中，为生活获取健康的、充满生机的和有机的色调。在北加利福尼亚，由于温和的气候，我们所处的环境已经变成活跃的试验室，在这里数不清的植物被用来制作植物染料。但是在你称为家的那个地方，在你的厨房里或是门外的院子里，你总能找到独具一格的色谱，为你带来惊喜。

你可以在每年的不同时间里，用相同的植物染出不同的色调；季节、土质、雨量和天气状况，都能使你染锅中的颜色产生明显的差异。充分提取植物原材料的色素，有助于获得最浓郁的、充满生机的颜色。除了所使用植物的新鲜度和品质以外，纤维的品质和水质也能带来不同的结果。一些植物染料会随着水质变化，呈现更亮或更暗的颜色，甚至在“软水”和“硬水”中呈现不同颜色，因为水本身含有的矿物质，也能使颜色发生变化。纤维是否容易着色也或多或少地取决于原料的 pH 值、清洁度、纤维对染料分子的结合力和亲和力。你可能需要好好地清洗原材料，去除或清洗掉可能导致化学变化或阻碍植物染料分子与纤维分子成功结合的工业污染物。你可以使用相同的染浴进行多个项目，甚至保存染浴直到用尽，以此来从同一种植物源中获得多种颜色。

成为一个熟练的植物染色专家需要实践的积累和耐心。一些植物能够直接、即时显现它们的色彩效力；其他植物可能需要数小时甚至几天的时间，才能展现其最丰富多彩的面貌。通过认真且稳定地选择你的植物、项目和工作空间，你会发现，几乎任何东西都可以用来辅助植物染色或被应用到植物染色中。让植物染色实践激发出你的创造力和对自然世界的赞美和敬畏吧！与别人分享你所制作的染料，根据季节变换你所喜爱的纺织品或服装的色调，并将你的纺织品、你的生态学和你的社区联系起来吧！

## 植物染色的安全性

自然并不一定意味着它永远都是安全或健康的。虽然我使用的大多数植物染料都是无毒的品种，但在达到一定剂量的时候，植物对某些人来说也可能是有毒的，人的过敏和敏感情况各有不同。一个好习惯就是在染色时佩戴耐热防水手套来保护我们的皮肤，染料壶只用来煮染料，不再用来煮食物或做饭。因为有时人们会对植物过敏，其过敏源在加工的过程中还能被集中和浓缩起来，所以我们要明智地选择所使用的植物，弄清楚你自己的身体与植物和媒染剂之间的关系，在试验它们的特性前一定要先正确地认识它们。

许多过去的植物染色书，甚至一些现代书，都有包含有毒植物染色植物或危险植物及金属媒染（如锡和铬）的配方。因此，永远要将常识牢记在心，并仔细检查你正在使用的材料。随着从业者不断追求最巧妙、最健康的制作及使用方式的努力，植物染色的艺术和工艺也在不断发展与完善。在本书中，我们仅使用明矾和铁作为媒染剂，即便如此，也请小心谨慎地使用它们。

像烹饪一样，染色时需要用到水，还需要加热，也可能遇到植物和媒染剂中存在的刺激性物质，以及非常微小的粉末等，因此有效利用工具、设备和工作环境，使染色过程尽可能安全、健康是十分重要的。

如果使用的是化粪池，就不要将用过的染料和媒染剂倾倒到下水道里，否则会导致 pH 值失衡。处理剩余媒染剂（明矾、丹宁和铁）和染浴的最好方法，是将其均匀倾倒在你的后院或花园里。

## 植物染色的基础知识

提取植物染料的过程一般需要遵循几个基本步骤；就像烹饪和草药工艺一样，每种植物可能都需要不同的最佳做法来获取、准备和处理。

记住，天然纤维喜欢植物染料。要使用干净的 100% 天然纤维，如丝绸、羊毛、棉花、亚麻等。根据所用的植物及染料在媒染剂作用下附着到纤维上的方式，这些材质都能达到不错的效果。了解合成纤维和天然纤维的区别是十分重要的。这有助于重新利用与收集二手的、可再利用的纤维、纱线和其他材料，以赋予它们多彩的新生命。

想要使纤维能够稳定地、均匀地染色，在染色之前先进行冲洗往往是有益且必要的。这个步骤同时也能清除在商业制作过程中残留的影响因素（例如，淀粉和其他化学物质会影响染色效果），清除从旧货商店购买的二手衣服中的残留物质，以及本地羊毛中所含的油脂和污垢。

可以使用某些金属或植物定色媒染剂对纤维进行预先处理，或者在预先制作的植物染浴中，根据干燥纤维的重量，添加一定剂量的媒染剂，然后再加入纤维。后者与预先进行媒染不同，因为纤维是与媒染剂一同进入染浴的，在进入染浴之前，媒染剂与纤维没有结合。需要遵循配方步骤，使用正确的剂量，做好预防措施，这样才能取得成功。

你也可以在放入纤维之前，在染浴中直接添加额外的媒染剂。这种做法叫作一体化，即染色和媒染在染浴中同时进行。

注意：有些植物本身就是媒染剂，因为它们可能含有能产生强烈、持久色彩的生化物质（如丹宁）。在这种情况下不需要再添加媒染剂。

## 设立工作室

我是一个植物染色家、纺织艺术家、探索者和城市农夫，因此即使在城市中，我的工作空间也一定要可以提供方便的植物采集场所和种植场所，同时也要满足植物染色过程中的一些必要条件：户外通风、自然光、水，以及在花园里一定要有一处可以方便地处理植物原料的地方。你的需求可能与我不同，但是在准备自己的植物染色工作室时，必须注意以下几个方面。

• 一两个固定的工作台。就像做饭一样，有一个实用且方便清洗和擦拭的工作台，能为你带来极大的便利。不锈钢台面有很强的耐用性。

• 带门的高货架或陈列柜。你可以小心地存放和标记你的材料，使其免受孩子、宠物甚至室友的破坏。

• 良好的空气流通。

• 水源——如果在室外，最好有水管；如果在室内，最好有水槽。

• 能接触到热源，或是一处安全的可以点火的室外场地。

• 用来晾干织物的晾衣架或晾衣绳，要避免阳光直射。

## 植物染色的过程

• 搜寻、收割或收集你的染料植物原料。

• 建立一个设备齐全的染色工作站。

• 选择自然纤维，或与染料和项目相配的织物（在开始大型项目之前，每次都要从小样本和测试开始，并在染色过程中做大量的记录）。计算干燥纤维的重量，以便仔细测量染料材料、媒染剂和改性剂的适当比例。

• 清洗织物。

• 如果有必要，对织物进行预先媒染。

• 把植物原料放在一个盛有足够多水的罐子里，水要完全没过植物（但别太满），并保证要染色的织物在罐子里能够自由移动。

• 将放有植物原料的水煮沸。

• 将水温降低并保持在文火状态（要避免温度过高，否则会杀死活的颜色分子，使色调变得像煮沸过度的蔬菜一样，沉闷无趣）。

• 将植物染料至少煨 20 分钟，通常还要更长。对于大多数植物来说，将植物浸泡一夜可确保色素被最大限度地提取出来。

• 为了得到最均匀的颜色，可将植物原料从染液中取出，只将液体留在罐子里。

• 在准备好染浴后，将纤维浸泡在染浴中 20 ~ 40 分钟，时间长短取决于你所需要的颜色饱和度。轻轻搅拌，使颜色均匀地染在纤维上。想要获得更深的颜色，可以将火关掉，将纤维静置在染浴中一夜或更长时间。

用中性的肥皂清洗染色织物，并将其在阳光下晒干。

2"all purpose

## 工具和设备

许多用来制作植物染料的器具和设备都是你用来烹饪食物的器具，但是也应将它们分开使用。二手商店和跳蚤市场是寻找染色设备的绝佳场所。我建议使用不锈钢壶和器具，因为金属不会影响或改变染料的颜色，且更容易清洁。

- 可以切换盎司、克和磅的食物秤
- 不锈钢盆、不同大小和容量的碗
- 用作媒染剂的铁、铜和铝盆
- 锋利的刀子、厨房用剪和修枝剪刀
- 搅拌机、食品加工机、咖啡机，用于制作糊状物和粉末
- 手工粉碎和绞碎织物原料的研钵和研杵
- 用来计算纤维、媒染剂和改性剂的重量和比率的计算器
- 不同尺寸的不锈钢过滤器
- 不锈钢或竹制蒸笼
- 各种尺寸的量杯
- 不锈钢量勺
- 非反应性玻璃储藏罐
- 木质搅拌棒和不锈钢钳
- 用于准备植物材料的木质或塑料砧板
- 用来过滤微颗粒染料材料的粗棉布或真丝织物
- 用来浸泡、清洗和冲洗纤维的 5 加仑（18.9 升）大桶
- 50 ~ 200 ℉（10 ~ 93.3 ℃）的烹饪温度计
- 用于检测水和染浴 pH 值的 pH 试纸
- 烹饪计时器
- 可供室外染色使用的热源：露营炉、丙烷燃烧器或火箭炉
- 标签或永久性标记笔，用于标记干燥后的材料
- 可水洗的棉帆布
- 不锈钢刷子和铜刷子
- 晾衣夹和坚固的晾衣绳或晾衣架，用于悬挂晾晒织物
- 全包脚的鞋子或防水隔热的靴子
- 防水、耐热的长手套
- 防溅工作服或围裙
- 当空中混合有媒染剂和改性剂的微颗粒时，用于呼吸防护的防尘罩

## 自然纤维

植物染料有着无限的应用可能性，你可以在多种表面和材料上使用植物染料染色。请关注你所喜爱的纤维，以及在当地获取它的方法，并尽可能地多使用旧货，支持公平贸易和当地企业。

以下是一些最常见的可用来进行植物染色的纤维。

### 动物纤维

蛋白质纤维即动物纤维，如各种绵羊毛、安哥拉兔毛、羊驼呢、羊绒、皮革和丝绸。动物纤维，尤其是羊毛和丝绸，能够使用大多数的植物染料染色，且上色效果非常好，对于植物染色的初学者，以及想尝试试验性植物染料的有经验的人来说，都是绝佳的材料。可用来进行植物染色的动物纤维种类繁多，以下只是其中的几种。

**羊驼呢** 羊驼是南美家养的骆驼，与小美洲驼相似。羊驼呢是一种超级柔软的豪华纤维，质地温暖、轻便且耐用。它能很好地吸收染料，因此成为许多植物染色艺术家超喜爱的材质。与羊毛不同，羊驼呢的纤维中不含羊毛脂，在染色前不需要做太多准备。羊驼呢是一种柔软的纤维，易被制成纱线，用于编织品、针织品和其他纺织品。

**安哥拉兔毛** 安哥拉兔毛是一种来自于安哥拉兔的柔滑的、像云朵一般柔软的纤维，是针织品、编织品中常用的材料，尤其适合制作柔软的婴儿服装。安哥拉兔毛可以染色，也能与其他纤维很好地混合。你甚至可以从自己饲养的安哥拉兔身上获取纤维（我就在我的城市农场里养了一只非常可爱的安哥拉兔，它是一种小巧的、充满好奇心的可爱动物）。安哥拉兔可以靠吃你的堆肥生存，但它为你奉献的却很多，它们可以成为你理想的花园伴侣，帮你增加植物产量，也可以让你的衣柜更加时髦。

**羊绒** 羊绒是一种极好的纤维，超级柔软、细腻。大多数人并不知道，羊绒是从绒山羊的腹部获取的。绒山羊生活在中亚高纬度地区，这也是这种超细纤维成本高昂的原因之一。

**丝绸** 最常见的蚕丝来源于桑蚕蚕茧。除此之外，还有上百种其他种类的蚕丝，包括人工培育的和野生的。人工培育的蚕丝通常光滑、细腻，颜色为白色。野生蚕丝则来自于上百种的蚕。由于它们吃下的叶子种类繁杂，蚕丝纤维的质地更粗，颜色也更暗一些。来源广泛的丝绸为植物染色提供了大量有趣的选择，因为丝绸能够最大限度地上色，并且可以使用来源广泛的染料轻易地上色，鲜少需要进行额外处理。

**羊毛** 这是一种备受青睐的纤维，因为它能与各种各样的植物染料完美结合。羊毛是最容易操作也最容易获得成功的纤维，即使没有媒染剂也无妨。羊毛纤维的强度、颜色、质地和重量多种多样，主要取决于不同的动物个体及采集羊毛的部位。

### 植物纤维

植物纤维也被称为纤维素纤维。品种众多的植物纤维非常奇妙。这里是一些我们可以用来进行植物染色的植物纤维的例子。

**棉花纤维** 棉花原产于热带和亚热带地区，包括美洲、印度和非洲等地。棉花纤维常常被纺成纱或线，再被编织成柔软透气的纺织品或纤维。除了奶油色和白色以外，棉花还可以被培育成各种颜色，从绿色到棕色，甚至是深红色。

**大麻纤维** 大麻纤维是一种神奇的纤维。在没有杀虫剂的情况下，大麻植株依然可以迅速生长，因为它不吸引害虫。大麻纤维可由植物的茎秆加工而成，比棉花纤维更长、更强壮、更具吸水性。含有至少 50% 大麻成分的织物与其他纤维相比，能有效地阻挡太阳光。大麻纤维可用于制作多种类型的织物，如纸张、麻绳和线。

**亚麻纤维** 亚麻纺织品是世界上最古老的纺织品之一，其历史可以追溯到几千年前。它因在炎热的天气里也能保持格外的凉爽和硬挺而受到人们的喜爱。它是用亚麻茎外层之下的长纤维纺织而成的。亚麻纤维素纤维可以被纺成线，并用于生产亚麻线、绳索和麻线。亚麻纤维所制成的家用亚麻制品（即床单和枕套的统称）会越用越柔软。这就是为什么亚麻布长期以来都是首选的床上用品材料的原因。

**荨麻纤维** 荨麻是一种用途广泛的植物。它不仅是优良的染料作物，同时也可以食用，更具有一定的药用价值。荨麻与亚麻及大麻类似，也可制成精细的、类亚麻的布料。荨麻纤维在欧洲的使用历史甚至可以追溯到青铜时代。

**凤梨麻纤维** 我非常喜欢凤梨纤维，不仅因为它是由凤梨植物的叶子制成的，还因为它也是我们所知的最好的植物纤维之一。天然凤梨布为白色，与丝绸一样有着美丽的光泽。因为它的轻巧和半透明，所以凤梨布在菲律宾是婚礼织物的首选。凤梨布也可用植物染料染出美丽的颜色。

**苎麻纤维** 苎麻纤维是一种荨麻科植物纤维，人类文明中对苎麻纤维的使用至少已有 6000 年的历史。苎麻纤维是我们所知的最强韧的天然纤维之一，在潮湿状态下具有很高的强度。苎麻织物与亚麻织物的手感很相似。

**剑麻纤维** 剑麻纤维来自于剑麻植物的碎叶。剑麻植物是一种原产于墨西哥南部，但现在已经在世界各地广泛栽培的龙舌兰品种。剑麻纤维属于硬纤维，常用于制作绳索、篮子、帽子和布料等。阿兹台克人和玛雅人还会使用剑麻纤维制作布料和纸。

其他可用来进行植物染色的材料还有皮革纤维（它也是一种蛋白质纤维）、木头纤维、稻草纤维和酒椰纤维，不一而足，所有这些都属于纤维素纤维类。

也可以给贝壳、骨头、纸张和木头染色。除此之外，还有多种类型的多孔纸、草、纤维壁纸，甚至是亚光磨砂的石头和墙壁，如石膏，甚至是干式墙。

## 染色用水

用来制作染浴的水，无论是自来水、雨水、海水还是其他的水，其中所含有的矿物质成分，有时会影响染浴的化学组成。一种测试自来水的有效方法是使用 pH 试纸（pH 试纸可以在任何五金店买到），测试后就可以知道你所使用的水的酸碱度。你也可以轻松地调节水的 pH 值，中和过酸或过碱的水——添加醋或柠檬汁可使水的酸性增强，添加碳酸钙则可以使水的碱性增强。如果你总是得不到自己想要的颜色，使用雨水或蒸馏水可能会更好一些。

### 硬水

硬水的矿物质含量很高，而且有些矿物质会影响或干扰你获得想要的染料颜色。例如，矿物质含量较高的水往往具有更强的碱性，或含有碳酸钙或碳酸镁，可能会改变一些植物染料的颜色；而对于另一些植物染料，这却能起到促进作用，例如将木樨草放在偏碱性的溶液中，更容易得到明亮的黄色。自来水通常是硬水，含有较多的矿物质，如钙和镁元素。在某些染色过程中，矿物质可能与洗涤碱相结合，从而产生肥皂渣，若在水质极硬的情况下，可能会在染色织物上留下斑点。如果想使硬水变成软水，可以在自来水中添加软化剂，或者使用蒸馏水或泉水作为染料用水。

### 软水

软水属于地表水，含有较低浓度的离子，尤其是钙离子和镁离子。软水一般是在自然降雨过程中收集的雨水，也可能是河流低洼处的积水。在染色实践中收集雨水用于染色是获取软水的很好的方式，也可以获得更纯净的颜色，尤其是对那些容易受到水的 pH 值和水中碳酸钙及其他矿物质影响的植物。

### 雨水

如果采用收集雨水的方式获取染色用水，那么在你制作染料的过程中所需要的所有元素就都是从自然中获得的。如果知道暴雨即将来临，你可以在户外放一个水桶，或者安装一个专业的雨水收集系统（许多城市甚至以发放补贴的形式支持个人安装雨水收集系统）。水是一种有限的资源，从近期的严重干旱和地表水枯竭事件中可见一斑。收集雨水是一种可持续地利用非饮用水的方式，避免了人们对这种珍贵资源的过度使用。雨水是极佳的染色用水源，因为雨水也是一种软水，它只含有少量的矿物质，使得它成为呈现充满活力、纯净的颜色的理想水源。

### 盐水

盐水（即海水）可以用于植物染色。这是一种可再生的自然资源，如果你有幸生活在海边或海湾附近，收集海水会是一件很容易的事。盐水的轻微碱度（pH 值为 8）可以给许多染色试验带来有趣的结果。这些年来，我有幸与学生们和朋友们分享了使用海水进行的染色，就在燃着篝火的沙滩上，甚至还被允许将车停在沙滩上，利用收集到的入侵性海岸植物，如冰草和海角常春藤，来制作调色板。

### 水资源保护

作为一名植物染色爱好者，你应该考虑的不仅是用水来源和它的 pH 值，而且是如何节约水资源。这就意味着，在你完成染色后，你需要将染浴调至中性或一个适合的 pH 值后，再将它倾倒到花园中。节约用水也是植物染色可持续的关键；在做大型项目，或小批量生产时，都应该考虑这一点。监控所使用的水量，水中放入了什么物质，以及你如何处理用过的染浴，这些都是重要的考虑因素。当完成染色的时候，你可以将染浴倾倒在你的花园中，只要你使用的是中性的无毒肥皂，或染料水和媒染剂对你的植物是有益的而非有害的。例如，一些植物生长需要明矾和铁，这主要取决于土壤的 pH 值。喜欢明矾和铁的植物有杜鹃花、绣球、蓝莓，甚至还有像柑橘和橡树这样的树木。其他植物，如柑橘树，能很好地吸收铁。如果你没有花园，染浴则应在被中和并加入等量的水后倒入水槽。

如果想进一步节约用水，你可以考虑建一个智能用水染色花园，栽种多汁植物、仙人掌和其他节水型植物，如迷迭香和薰衣草，此类植物大多耐旱，同时也能用其做出色彩丰富的染浴。

## 植物染料的提取

提取染料可以像泡茶一样容易。在萃取的过程中，把植物原料放在一个不锈钢容器里，加入足够多的水，使之足以覆盖待染色的织物。每 1/4 磅的织物加入 1 加仑的水，应该就足够了。对于一定数量的织物而言，染料原料越多，染出的颜色越浓郁。你也可以重复使用染浴，直至染料被完全吸收，或直至染浴完全用尽。

对于你的植物染料原料，特别是那些在城市地区中种植、培育的，新鲜采摘的染料原料，在染色前经过彻底的清洗，去除污染物、灰尘、污垢和其他城市污垢，将会获得更好的效果。同样，像牛油果核和石榴皮这样的食物副产品，在染色前进行彻底清洗，也将有助于获得良好的染色效果，因为如果残留的食物和废物进入染浴中，可能会影响染料直接与织物结合的效果。这样做有助于避免出现不必要的斑点和杂色。

提取染料的时候，可以使用加热的方法处理染料植物，也可以不使用，尽管大多数植物和染色过程如果有了加热的环节，会取得更好的效果。选择冷水（常温）或热水提取，通常取决于你所使用的植物原料。对于几乎所有的染料植物而言，即使在室温下也可以进行染料提取（冷浴），但在热水中提取的效果还是要好很多，所得到的颜色会更深，就像泡茶一样。

然而，有些植物染料并不需要热量来促进提取，在冷水中就能成功地提取，尽管这可能需要长时间的浸泡才能完成。例如树皮，它可能需要一周到两周的时间才能提取出染料。在冷水中能很好地完成染料提取的植物包括酸草花（酢浆草）和桉树树皮。

你也可以使用日光法来提取染料。这种方法十分节能，因为它所利用的是太阳的热量，并且，对大多数植物来说，用这种方法来处理比用冷水法处理更快。

植物染料也可以通过直接应用而提取到你的织物上。最简单的方法就是将植物压在布料上，或者用槌锤或光滑的岩石将植物放在预先媒染好的织物上敲打即可。

还可以将植物染料蒸到织物上，这种方法可以留下植物的形状和精妙的纹路，是其他方法所不能达到的。

无论使用哪种染料提取方法，当将织物从一种溶液移动到另一种溶液中时，一定要确保两种染浴或水温相似，以免对织物产生刺激。将织物从沸腾的染浴中移出时，要使用热水清洗，不能使用冷水；将纤维从冷水染浴中移出时，则要使用冷水清洗，不能用热水。然后再逐步按照从温水到冷水，或从冷水到温水的顺序进行清洗。

### 冷水染色

许多植物染料的处理过程几乎不用加热。当水中的植物物质浓度很高时，冷水染色会更加成功。如果所使用配方的提取过程需要加热，仍然可以使用冷水，但是在提取过程中，需要根据比例使用更多的植物染料原料。

为染料找到合适的温度是很重要的。有些植物染料，只有在特定的温度下才能呈现其真正的颜色。此外，还有一些染料，使用热水和冷水提取会得到不同的颜色。茜草根就是一个很好的例子，煨的时候，可以获取正红的颜色，但是如果加热过度，得到的颜色会偏向棕色。

**动物织物的冷水染色** 对蛋白质织物染色时，首先要将织物至少浸泡一小时，有时甚至需要浸泡一夜，以便为颜色的吸收做准备。然后将织物放在冷水染浴中，确保织物被完全淹没，并留有足够的空间让它均匀地染色。可以使用旧陶瓷板压住织物，使其保持淹没的状态。让织物浸泡一夜，看看有多少颜色被吸收。如果想要得到更深的颜色，甚至可以让织物在染浴中浸泡数日。时不时地检查织物的状态，偶尔轻轻搅拌几下。当织物的染色程度达到期望时，可使用温和的中性肥皂在冷水中彻底清洗，然后悬挂晾干。

**植物织物的冷水染色** 织物素织物在室温下就很容易染色。为了取得最佳的颜色效果，可以将植物纤维的织物在冷水染浴中浸泡几天甚至更长的时间。检查染色效果的时候，可使用中性肥皂清洗织物，并漂洗干净。如果想要更深的染色效果，可以将织物放回染浴中，再浸泡几天，然后再冲洗一遍。请注意，织物在湿的状态下颜色总会更饱和，晾干后颜色则会变浅。

## 热水染色

当用热水染色的时候，最重要的是，要先将待染色的织物打湿，再将其慢慢地放入温热的染浴里（这样才不会对织物产生刺激而导致其缩水），然后慢慢加热染浴，升高温度至低沸（82℃）。

在刚开始用热水染色的时候，建议使用温度计来测量染浴的温度; 当积累了一些经验，有了更多信心的时候，就可以依靠气泡来判断温度，然而有些染料对温度十分敏感，像茜草根，为了确保能够得到最好的效果，需要小心地控制温度。当然，和烹饪一样，还可以通过第一个气泡的迹象来判断染锅是否接近沸腾状态，然后迅速将火调小以保持文火状态。

将织物在染浴中煨 20 ~ 30 分钟，或者直到其染上你想要的颜色。偶尔柔和地搅动织物，使其均匀地吸收颜色。染成捆的羊毛线时，要小心地搅拌，不要使其打结。

当染浴中的颜色达到想要的色调时，将织物提出水面，戴上隔热橡胶手套，轻轻地将多余的染液拧回染浴中。然后在温水中使用中性肥皂轻轻地洗涤织物，最后在冷水中彻底冲洗。悬挂晾干，避免阳光直射。

所有没有用完的染料都可保存起来以备日后使用。将剩余的染浴倒入密封罐子，贴上标签，放置在避光处储存。

## 日光法染色

如果使用热水染色的方法，除了考虑节约用水之外，考虑使用什么热源也是很重要的。可尝试使用其他能源来满足染色需求，如日光法染色就是一种既有趣又简单的染色方式，即利用太阳的自然且完全可持续的能量对染浴进行加热，从而将色素从植物中提取出来。当用日光来加热染浴的时候，则真正地将染色的所有环节都联系起来了（想想太阳在植物和动物的生长过程中所扮演的角色吧）。

日光法染色基本上与制作太阳茶的过程相似。将染色原料放入一个盛满热水的大碗中，放在日光下即可，注意远离孩子、动物，或者使用足够大的带盖的梅森罐来盛放你的染色原料和植物。在夏季或温暖的气候条件下，日光法染色通常是最便捷的方式，因为获得日

光是一件轻而易举的事。不论你是一个染色匠人，还是支持用绿色方式生产纺织品的人，日光法染色都能给你满意的效果。

## 染色配方和色板

因为在植物染色的过程中有着如此多的不确定性，所以比起商业合成染色过程，想要准确地复制同一种颜色，植物染色要难得多。正如精心制作菜肴一样，需要经过许多步骤和组合才能用自然色彩实现真正的艺术性。使用植物染料是否能够获得满意的色彩效果，取决于织物在染浴中浸泡的时长、加热的热度、所使用的植物部分、植物的新鲜程度、水源种类、染色方法、媒染剂的种类、纤维种类，以及所有这些因素合在一起的作用等。我将每一个植物染色试验过程都认真地记录了下来，保存了染料样本，拍摄了所获得的颜色及过程，并集成了色板。

以下是大致的列表，列出了植物染色中应该记录的项目：

- 染料的制作日期
- 植物染色原料
- 所使用的工具和设备
- 纤维重量和产品重量
- 纤维的来源
- 所使用的媒染剂和改性剂
- 所使用的水及其 pH 值
- 染浴的温度
- 染剂分解的时长
- 织物在染浴中浸泡的时长
- 织物的最终清洗方式

此外还要保存每个染料样本，将其作为视觉颜色参考。最终，这份详细的记录将使你能够自信地开展染色工作，开始尝试不同的植物染料，以及享受它们所带来的令人惊喜的色彩变化和可能性。

## 染色前的织物准备工作

清洗织物和植物染料，可增加纤维与染料分子成功结合的机会，因此，这是获取更深、更持久颜色的关键一步。

二手服饰、来自当地农场的羊毛，以及从商店购买的新织物，都将得益于正确的洗涤、清洁和预先刷洗，以除去可能的化学物质影响因素，如泥土、污垢和油脂。待染的织物保持在最干净、最开放的状态，才能更好地、更均匀地与染料相结合。

### 动物纤维的清洗

清洗动物纤维的第一步是把它们放入装有温水的容器中。我一般使用一汤匙中性的环保温和洗碗液，或一汤匙纯天然橄榄油肥皂，不加其他添加剂，来清洗 8 盎司的羊毛。

纤维应在冷水或热水中反复清洗几次，直到水将所有污垢或肥皂残渣清洗干净。漂洗后，将纤维在清水中浸泡一夜，再进行染色。这一步将有助于纤维充分、均匀地吸收染料。否则，纤维的不同部分可能会吸收染料或媒染剂不均匀。

羊毛和丝绸等动物纤维对温度骤变十分敏感，它们在突然遇到热水或迅速从热水进入冷水中时，会发生缩水或打结的现象。

根据所使用的特定的织物或纤维的差别，可能需要进行更多次清洗。在某些情况下，丝绸在染色前需先经过脱胶处理。许多售卖的丝绸是经过完全脱胶处理的，但还是建议在染色前将丝线或野生丝绸进行脱胶处理，之后再开始染色。

脱胶处理一般要使用俗称为马赛肥皂的纯卡斯蒂利亚橄榄油肥皂（可以在洗浴用品商店里找到）。

使用的比例为肥皂重量是纤维重量的 25%。将纤维和马赛肥皂混合在一大盆水中。将纤维煨 2 小时。再用中性肥皂洗涤，然后漂洗。这样，你的织物就可以用来染色了。

### 植物纤维的清洗

清洗纤维素纤维时，我一般每加仑纤维使用一汤匙的洗涤用苏打作为清洁剂。棉纤维含有大量的蜡和油，因此，应该花更长的时间，使用更强效的处理方法来去除织物中的油脂和其他残渣。与棉纤维相比，亚麻含有较少的蜡质和丝状物，因此不必经过如此彻底的处理。

彻底清洗植物纤维，如棉和亚麻，要使用马赛肥皂和洗涤用苏打煨一两个小时。可以从杂货店的洗衣用品区找到洗涤用苏打（也称纯碱或碳酸钠），还可以从纺织染料供应商那里订购。苏打灰是苛性碱，具有较强的碱性。在使用苏打灰的时候，戴上手套可以避免干手和刺激。

## 天然媒染剂

媒染剂一词来自法语 Mordre 的现在分词，意思是“咬”。在使用植物染料时，我们使用媒染剂来帮助植物染料“咬”住纤维或织物，使它们发生化学结合。

加入媒染剂后染出的颜色更持久、更耐水洗。媒染剂有多种使用方法和制作原料。了解每一种植物染料及其特性，打造自己的笔记和配方，可以帮助你了解哪一种材料、染料和媒染剂能够同时使用，并最终产生最佳效果。只要对染料和纤维组合进行适当的洗涤、清洗和媒染，大多数的植物染料都可以固着在植物或动物纤维中。在你自己的植物染色笔记中，可以从小件物品开始，做大量的试验，待得到成功的染色效果后，再进行大型染色项目。

一些植物染料本身已经具有能够将自身颜色与纤维结合在一起的能力，因此不需要再添加媒染剂。例如，牛油果核、枇杷叶、桉树皮和石榴皮中含有大量的丹宁，它们可以轻易地与植物或动物纤维结合。对于这样的材料，铁粉可充当改性剂，起到调整颜色的作用，它一般可以把温暖、清淡的色调调整为偏冷的深色调。

一些植物染料在不使用媒染剂的情况下，也能够在蛋白质纤维上很好地着色（但植物纤维就不行），其他染料则能够与植物纤维很好地结合。

对于需要媒染剂的植物染料，媒染剂的来源可以是金属，如明矾或铁盐，也可以是植物性的，如含有大量丹宁的植物，像栎五倍子、橡子或石榴皮。媒染剂还可从牛奶或大豆等蛋白质产品中获得，甚至可以从吸收金属物质（如铝）的植物中获得，例如矾树，其叶子磨成粉末后可作为明矾的替代品。选择媒染剂时必须明智，这是创造可持续染色实践的最主要方式之一，这样才能在制作植物染料的艺术和手作过程中取得更好、更令人满意的结果。

### 安全使用媒染剂

在 20 世纪 60 年代和 70 年代，我的许多纺织品和植物染料导师在家中使用植物染料的时候，会加入铬、锡和铜作为媒染剂，但通常没有正确的防护措施。许多金属媒染剂，如上文提到的三种，经常出现在旧的及当下的一些植物染色书中。我们现在知道这些金属媒染剂都是有毒的，因此为了染色者、接触染色的人们，以及染色产品的最终使用者的健康，我们应避免使用这些媒染剂。许多现代植物染色手工艺者约定只使用明矾和铁作为媒染剂，因为这两种物质被认为是最安全的。然而，仍需小心使用这两种物质，因为它们也会让人产生过敏反应，在大剂量使用的情况下，铁对幼儿和宠物也会产生毒害作用。在使用任何金属媒染剂的时候都需要小心，要对所有物质都做标记，并将其保存在存储罐里，放置在远离不了解这些物质危险性的人群的地方。有了这样的意识，加上适当的防护设施（手套、罐盖和防尘口罩），你可以安全地、高效地使用媒染剂。

### 媒染剂的使用

媒染剂有助于纤维和染料分子结合在一起，主要有以下三种使用方法。

- 预先媒染：先用媒染剂处理将要染色的织物，然后再染色。
- 同时媒染：媒染剂被添加到染浴中。
- 后期媒染：织物染色后再用媒染剂处理。

媒染剂与纤维的重量比之所以非常重要，主要有以下几个原因。第一，需要有足够多的媒染剂将染料与纤维很好地结合到一起，但媒染剂也不能过量，过量的媒染剂会对纤维产生负面影响（过量的铁会随着时间流逝逐渐腐蚀纺织品，而过量的明矾会使纤维粘连）。本书使用媒染剂的配方中，作为媒染剂的明矾和铁的用量都是最低的，这为你在自己的植物染色实践中调整媒染剂的用量留了余地。我还用了一个使用塔塔粉配合明矾盐作为媒染剂的配方。塔塔粉的作用是帮助纤维吸收明矾媒染剂，这样在染浴中只会有极少量的媒染剂残留，甚至没有。

注：本书采用英制单位
英制单位与公制单位之间的换算关系如下：

1 盎司≈ 28.35 g
1 磅≈ 453.59 g
1 加仑（英制）≈ 4.55 L
1 夸脱（英制）≈ 1.14 L
1 码≈ 91.44 cm
1 品脱≈ 0.57 L
1 英尺≈ 0.3 m
1 英寸≈ 2.54 cm

春

# 春日色彩

牛油果核 · 玫瑰花瓣 · 李子枝 · 薄荷 · 酢浆草 · 金盏花

春天是万物复苏与生长的时节，而就植物染料来说，这也是大地开始孕育新的色彩潜能的时候。新生的郁郁葱葱的绿叶唤醒了感官——花园里的无花果叶子慢慢舒展开来，新叶让树林重新迎来绿色，后院和人行道上的李子树、樱桃树和温柏树也开满了花朵。这是一年中尝试新鲜、嫩绿的植物染料的最完美的时节。

你可能会希望春天创造柔和的、清淡的植物色彩，但春天的植物也充满了深紫色、墨水般的黑色，甚至是来自酢浆草这种四季常见的花园杂草的荧光黄、荧光绿等。你也可以在这个时候修剪果树和坚果树，或者使用冬天收集的剪枝。在春季享用养护园林而得到的奖赏也不错。

春季也是一个寻找各种绿色草药，如各种类型的野生薄荷，或者用像野生紫草或荨麻这样的短季节食物来做染色试验的好时候。农贸市场的产品也日渐丰富，其中的许多东西都能制出很好的染料，像春季的牛油果核和皮、胡萝卜缨及朝鲜蓟叶。

春末的时候，野生和栽植的玫瑰进入花期，可以使用剪枝上的花瓣或用过的花束在织物上进行惊艳的印染。有了玫瑰，你可以用整枝植物染出各种各样的颜色，它的茎和叶能够染出黄色、绿色、灰色和黑色等。暗粉色、紫色和红色的花朵可以染出美丽的宝石色调。用一束花中就可以染出很多的颜色。

雨水被认为是最好的染色用水。春天也正是一个可以大量收集雨水用以植物染色的时节。你还可以用剩余的染浴浇灌你的花园，以此来表明一个生机勃勃的新生长季节的开始。

# 春季染色植物

无花果叶子

果树剪枝

薄荷

木瓜枝
牛油果

# 牛油果核枕套

植物染料可以直接从你的绿色垃圾桶或堆肥中收集。将常见的烹饪废料变废为宝并获得绚丽色彩的一个植物染料实例就是牛油果核。作为一个生活在旧金山湾区的居民，在过去的 15 年里，我大概吃掉了数以百计的加利福尼亚牛油果，但我却从来不知道我的厨余垃圾还能染出彩虹般的色调。

在没有媒染剂的情况下，牛油果核能染出由浅到深的粉红色和红褐色。当添加了铁媒溶液时，颜色会变成墨蓝色、紫色和黑色。

这个牛油果核染色项目将亚麻枕套作为待染色的织物，亮点是从一种天然染浴中可以得到多种色彩变化的效果。使用的牛油果核越多，得到的颜色就会越深、越浓郁。牛油果核内含有一种天然的丹宁媒染剂，起到了固着染料的作用。正是加入铁元素之后所发生的丹宁反应，帮助形成了这种深邃浓郁的颜色。

# 枕套

5 个方形亚麻枕套，20 英寸 ×20 英寸（2.5 磅）

10 个新鲜干净的牛油果核

1 茶匙铁粉

中性肥皂

## 设备

防尘面罩

耐热防水手套

大号不锈钢带盖锅

不锈钢钳

测量匙

将枕套洗净、浸泡。

向大号不锈钢锅里注入 2/3 的水，确保枕套在锅里有足够的空间自由移动。

添加牛油果核，将水煮至低沸点，然后将火调小，保持沸腾状态。

煮牛油果核，直到水变成鲜红的颜色，这需要 30 ~ 60 分钟。

当水变成明亮的红色时，用不锈钢夹子将牛油果核取出，把枕套浸入水中，继续保持文火状态。

想要获得不同的色调，请将质量最轻的枕套至少浸泡 10 分钟，以确保染料与织物完全结合。枕套在染料中浸泡的时间越长，得到的桃粉色就越深。

当枕套染至你想要的色调时，用不锈钢夹子将它们从染锅中取出，放到一旁。

使用中性肥皂在温水中清洗枕套。然后悬挂晾干，避免阳光直射。

剩下的三个枕套，先使用测量匙向染浴中添加适量铁粉，让枕套在含铁的染浴中至少浸泡 15 分钟。这时，桃粉色会慢慢变成薰衣草色、深灰色或钢蓝色，而这取决于枕套在染浴中浸泡的时间长短和所添加的铁媒溶液的浓度。

使用中性肥皂清洗添加了铁改性剂染色的枕套，将它们与桃粉色的枕套分开，直到将其完全冲洗干净并脱水。悬挂晾干，避免阳光直射。

# 用堆肥原料制作染料

在对可满足我们的三种基本物质需求（即衣、食、住）的可持续方法的探索中，只有食这一方面取得了长足的进步。人们对慢食、有机食物和当地食物运动的关注已经达到了空前的地步。我们虽不像消耗食物那样消耗纺织品和染料，但我们仍然需要使用种植农作物所需的同样资源：专属的空间、水、空气和土壤。正是由于这些原因，我们所穿的衣服与所吃的食物一样，表明了我们是谁。对这些宝贵资源的管理和合作研究，对于可持续食物和时尚都是必要的。

我最初开始使用自然色彩的原因之一，是想从将我与我所处的环境联系起来的植物中做出我自己的染料。这是一种古老而又具有启发意义的实践，它提醒我们，色彩也曾如食物一样，富有地域性和季节性。

学会烹饪天然食物，还有助于磨炼和精进你“烹饪”植物染料的技能。烹饪中所使用的许多规则同样适用于染色：最新鲜和最健康的原料总是能染出最生动的色彩。与制作植物染料一样，烹饪同样需要相信自己的感觉，不害怕试验并付出耐心，这样作为染色家的技能才会随着时间逐渐显现和提高。

许多来自你的厨房和花园的副产品也是自然色彩的理想来源。我特别喜欢的一些染料就是由常见的时令水果和蔬菜的一部分制成的，如石榴皮、洋葱皮、朝鲜蓟叶、胡萝卜缨、柑橘皮和牛油果核，这些都是在烹饪时被丢弃的东西，其中的许多东西，我们大多数人甚至想都不会想就将其扔掉。一旦你使用过这些植物染料，那些使用过的植物染料甚至可以直接回归你的花园或者堆肥，促进更多植物的生长，进而产出更多的染料。

在过去的 10 年里，我和我在永续时尚研究机构 Permacouture 的同事兼挚友——凯特琳·托斯·菲姬，共同举办了多次为食客染色的活动。我们与美国和英国的许多厨师合作，去过城市里的餐厅、酒厂，还有当地的农场和花园，与大家分享了用当地时令植物染出美丽颜色的魅力和深藏的潜力。有趣的是，我们发现伦敦植物群所染出的颜色与旧金山的有很大不同。这是因为厨师所准备的食物，以及因此而产生的副产品不同，还有植物生长的条件（土壤的酸碱度、水质、季节）不同的城市会有很大的差别。这些用于晚餐的植物的许多变化与副产品所染出的各种色彩让我们大开眼界。参与者经常与别人分享晚餐的内容和所染出的色彩，以此表达深入参与这个活动为他们带来的快乐与惊喜。

直接通过烹饪植物学习有关染色的知识，展示了从我们的食物和染色锅中发掘的多样的染色原料，是如何做出更生动的味道和色彩，进而营造更有生机的生态环境和社区环境的。活动的组织者中有一位是我最好的朋友和导师凯尔西・基尔，她是加利福尼亚伯克利著名餐厅Chez Panisse的前主厨，以及推进生物多样性和扩大季节性植物谱的积极拥护者。凯尔西乐于拿当地食物做试验，她善于发掘味道的能量和潜力，调动我们的感官，将我们与能找得到的最广泛的原料联系起来。

2012年，我和凯尔西开始了一系列为期一年的季节性色彩与美味谱的讲习班，旨在探索挖掘试验性的、与环境相关的染色配方与菜谱。在这个过程中，我们有幸记录了在开发新的美味和色彩时二者的共性，并向学员们介绍了以地域为基础的独特的植物色彩。我们在加利福尼亚海边的农业小镇——波利纳斯的福音平地农场举办了一系列的讲习班。作为这些活动的厨师，凯尔西创作了许多色彩丰富的美味菜肴，所精选的食材都是从朋友和农场主那里获得的。我们以当地秋天收获的20多种苹果、多种冬季柑橘和夏季的核果为基础，为学员们提供了丰富的品尝试吃活动。同时，我们也知道了使用当地苹果树的枝条作为植物染料来源进行染色的细微差别，以及迈尔柠檬和蜜柑果皮在味道和品质上有何不同。我们还有幸直接使用福音平地农场一年中自产的不同作物进行了味道和色彩试验，包括农场收割的作物，如朝鲜蓟叶（一种源于普罗旺斯的传统色彩来源），而这些作物在收割完成后原本都是被移到堆肥区制作肥料的。我们的民族植物学家迪帕・纳塔拉还带领学员们在田间和河床上进行了多次“杂草徒步”，以染色为目的收集多种杂草——冬季繁茂的酢浆草、夏季的野茴香和秋季茂盛的黑莓荆棘。

如同食物一样，随着季节变化的色谱也是一种对一年中的时节和地域的赞美。我们与永续时尚研究机构Permacouture合作的工作室和晚餐聚会，让客人们在欣赏到野茴香染就的色彩微妙的黄色丝绸之余品尝到了撒着焦糖的茴香蛋饼，看到了用橡子染色的亚麻的浓郁色调，也品尝了新鲜烤制的橡子粉面包。这些组合都揭示了植物世界被广泛低估且未被承认的多功能性。

自然色彩就像水果和蔬菜，一旦你品尝过本地种植的桃子，并用其枝条为你的织物染过色，你就很难再接受超市里的桃子和化学染料了。

# rose petal

CURTAIN

## 玫瑰花瓣窗帘

春天永远是感官的更新：找个时间去闻一闻新鲜的春日玫瑰吧！当你用一束花把家变得甜美时，用过的玫瑰花瓣会成为绝佳的染料来源。各种粉色、红色和紫色的玫瑰拥有令人难以置信的色彩潜力。玫瑰植株的其他部分也是如此，包括叶子，以及在晚些时候成熟的玫瑰果。通过简单地添加媒染剂和改性剂，你可以从玫瑰花瓣中得到不同的颜色，从紫红色到紫色、靛蓝，甚至是黑色。

可以从花园里收集从玫瑰灌木上掉落的花瓣，也可以从芳香四溢的春日花束上获取玫瑰花瓣，还可以尝试联系当地的花店，收集那些凋谢的花瓣，对染锅来说它们仍然完美。

将玫瑰花瓣的印记直接蒸在织物上，是一种效果特别好的使用玫瑰的方式。当植物染料的色相直接转移到织物上时，使用蒸汽会使颜色浓度更高。在这个项目中，我使用了丝绸纱，一种清新的、半透明的平纹丝绸。它吸取自然色彩的能力惊人，而且当光透过丝绸的时候，看起来特别漂亮。同时，它还能在经历高温后不变形。在这个项目中，需要把玫瑰花瓣放置在织物下部 1/3 的部分，其余部分暂时不进行染色，留到后面再用玫瑰花瓣染浴的还原液进行浸染，可以在蒸织物的同时制作还原液。织物上部 1/3 部分将采用浸染的方式，这样可以制造出一种阴影效应。

## 窗帘

3 码的丝绸纱织物，54 英寸宽（约 4 盎司）

中性肥皂

1½ 茶匙硫酸铝粉

1½ 茶匙塔塔粉（可选）

1 磅来自红黑色、紫色或粉色玫瑰的花瓣和叶子

### 设备

耐热防水手套

棉麻绳、竹或不锈钢蒸笼

大号不锈钢带盖锅

小块苫布

过滤器

搅拌器

使用中性肥皂清洗丝绸纱。没有必要用力洗，这会使丝绸纱失去它的硬度。

使用硫酸铝粉对织物进行预先媒染，也可以使用塔塔粉。

将布料铺在平坦的表面，将两杯玫瑰花瓣按照预先设计的图案撒在织物底部 1/3 部分的中间位置；图案的设计可以是分散的、分层的，密度可以按照自己的喜好。布置好花瓣后，将织物两边向中间折叠，盖住中间的花瓣。用手压实花瓣，或用小槌敲击花瓣，以留下清晰的玫瑰花印记。

从窗帘的短边开始，小心地将织物沿着边缘卷起。当向花瓣卷的时候要小心，不要使花瓣移位。在整个窗帘都被卷起后，将两头用棉线紧紧绑住，让蒸汽能够穿透织物的各层。将绑好的布料沾湿，放在不锈钢或竹蒸笼里。

向锅中注入 1/3 的水，把剩下的玫瑰花瓣放到水中。将水煮沸，然后将火调小，保持低沸状态。

可以在捆好的布料上浇一些水，增加蒸汽，这样有助于加快进程。

在捆好的布料上浇水，并每隔 15 分钟将布料翻个儿，以保证蒸得均匀。至少将窗帘蒸一个小时，并确保下面的玫瑰花瓣水不会蒸得水位过低。然后关火，让布料降温，盖着盖子浸泡一夜。将玫瑰花水也静置一夜。

当布料的图案明显显现出深粉色、紫色和蓝色的时候，将布料从蒸笼中取出。

取下棉线，将蒸好的布料在小块苫布上打开，让所

有的植物原料和废物都落在苫布上。

此时图案应该已经清晰地呈现在窗帘底部，并渐渐向上蔓延，形成玫瑰花瓣的晕染效果。

用中性肥皂清洗布料，然后将布料浸泡在清水中，同时用还原液制作玫瑰花浸染染浴。

### 用玫瑰花还原液浸染

将浸泡过的玫瑰花滤出，堆肥。向残留的染液中加水，直至染锅的一半水位。将染浴再次加热至低沸状态，然后将织物上部 2/3 的部分放到玫瑰花染浴中，制造出套色和晕染的效果，让颜色渐渐地消失在玫瑰花印记中。小心地拿着布料，远离锅的边缘，防止布料被灼烧，将你的浸染织物在低沸状态加热 10 ~ 15 分钟。如果你想要得到更深、更饱和的颜色，则需在关火后让 1/3 的织物浸泡更长的时间——40 分钟或更久。

将织物取出，用中性肥皂清洗织物，风干。风干后，就可以用织物来制作窗帘了。

### 缝制玫瑰花瓣窗帘

在玫瑰花织物上缝制一个供窗帘杆穿过的杆套，将顶部 4 英尺的布料折叠，沿折叠的边缘用线缝好，使用缝纫机或手缝都可以。装上木销子或窗帘杆。

为了长久地保持玫瑰的颜色，需要将窗帘挂在没有阳光直射的地方。

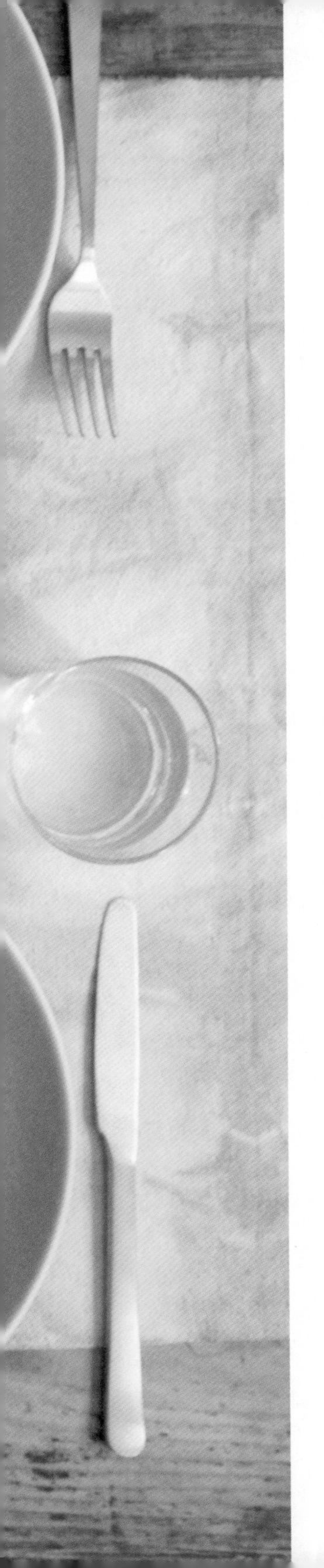

# mint

TABLE RUNNER AND NAPKINS

## 薄荷桌旗与餐巾

薄荷（薄荷种）是一种芳香的多年生草本植物，在烹调、烘焙、泡茶和许多身体护理及美容产品中应用广泛。薄荷在凉爽、潮湿的气候中生长迅速，主要依靠其地下发达的根系。薄荷在野生环境下也可以生长，因其快速生长所具有的入侵性，甚至有时还会成为花园中的祸害，因此它也是制作染料的极佳选择。

收集薄荷（栽培的或是野生的）的时候，如果你想让薄荷继续生长，那就只收割叶子和茎秆，如果你想把它除掉，那就使用整株植物，包括薄荷的根。

在使用明矾和铁作为媒染剂的情况下，用薄荷能制出一种蓝绿色（薄荷色）的染料，而且染浴带有一种很香的味道。

在这个项目中，使用生丝和新鲜的薄荷，结合扎染的手法，制作出的桌旗，以及使用浸染的方法制作的配套餐巾，可以为春季晚餐聚会，或是任何场合，奠定一个完美的基调。

## 桌旗与餐巾

1½ 码生丝（绢纺落绵）织物（4 盎司）

4 盎司切碎的薄荷叶和茎

1½ 汤匙硫酸铝粉

1½ 茶匙塔塔粉（可选）

½ 茶匙铁粉

中性肥皂

**设备**

耐热防水手套

强力棉线或橡皮筋

2 个长方形木块，至少 ½ 英寸厚（约 4 英尺 ×8 英寸）

中号不锈钢带盖锅

过滤器

防尘面罩

清洗生丝织物，晾干。

将生丝织物纵向剪开，预留一半给桌旗，将另一半裁成六等份，作为配套的餐巾放在一边。按照扎染的说明（见 180 页）将桌旗部分折叠。用强力棉线或橡皮筋将其捆绑成块。

用水浸泡桌旗和餐巾，直到准备好染浴。

在一个足够容纳织物的不锈钢锅里放入薄荷叶和茎，加水，慢火加热至煮沸，煨 20 ~ 40 分钟。

当薄荷染料染浴变成黄绿色的时候，使用不锈钢过滤器将叶子捞出。戴上耐热防水手套和防尘面罩，向染浴中加入硫酸铝粉、铁粉和塔塔粉（如果使用塔塔粉的话），并搅拌均匀。这时颜色会变成明亮的水鸭绿。将浸湿的捆绑成块的桌旗放入染浴，将染浴加热至低沸状态。

煨至少 40 ~ 60 分钟，或者关火，将织物在染浴中浸泡一夜，以达到想要的薄荷绿色。

要将所有餐巾一起染色，以保证无色差。将餐巾边缘的 4 ~ 6 英寸放到染浴中至少 10 ~ 15 分钟，以确保稳定的染色效果和较好的染料结合性能。

当达到所需的薄荷绿色调时，用不锈钢钳将桌旗和餐巾从染浴中取出。解掉捆线或橡皮筋，清理掉在桌旗上的木枝。

用温水和中性肥皂清洗桌旗和餐巾。然后将桌旗和餐巾晾干，注意避免阳光直射。

CHILD'S DRESS

## 酢浆草儿童连衣裙

酢浆草（佩斯卡拉酢浆草），俗称酸草，是一种野生（常常具有入侵性）酢浆草科植物，在世界各地均有发现。酢浆草有着像三叶草一样的叶子和明黄色的花，是充满活力的黄色染料的极佳来源。酢浆草属的许多植物因包含草酸，带有一种怡人的酸味。由于草酸是一种天然的媒染剂，当使用酢浆草作为染料原料时，可以选择使用额外的媒染剂来获得明亮的颜色。这种染料与丝绸、羊毛和棉花都能很好地结合，形成明亮、饱和、充满夏日气息的黄色。

可以从酢浆草的花朵和叶子中提取染料，采用热水和冷水的方法都可以。冷水法特别容易，可以与小孩子一起完成。根据织物的重量，使用更高比例的酢浆草植物原料，可以在织物上获得更加饱和的颜色。

酢浆草同时也是一种可爱的植物染料涂料和染膏。

在许多国家，酢浆草的绽放是春天真正来临的象征。在我所住的加利福尼亚地区，酢浆草发芽的季节在冬雨降临之后，而新鲜的花朵则从二月底一直持续到五月初，最终凋零在炎热、干燥的夏季。在它们盛开的时候收集酢浆草花和叶，用最新鲜的植物制作染料，才能保证得到明亮、充满活力的黄色。

# 儿童连衣裙

100% 棉质白色或奶油色连衣裙（约 4 盎司）

4 盎司酢浆草花、叶和茎，用手撕成或切成小块

中性肥皂

**设备**

耐热防水手套

中号不锈钢带盖锅

过滤器

大玻璃罐或大碗

将衣服洗净。

## 热水染色法

向不锈钢锅中注入 2/3 的水，水要能够没过连衣裙，并留有足够的空间使连衣裙能在染浴中自由移动。添加酢浆草碎片。将水煮沸，并将植物材料煨 15 ~ 20 分钟，或直到植物材料失去颜色。用过滤器舀出植物原料。将连衣裙放入染浴中，煨 15 分钟后取出。如果想取得更饱和的颜色，可将连衣裙在染浴中浸泡一夜。

## 冷水染色法

取一个大玻璃罐或大碗，大小要能够放得下连衣裙，向其中注入 2/3 的水。加入酢浆草。将罐子放在阳光下，直到水的颜色开始变黄。将连衣裙没入水中，一直浸泡到取得想要的色调。用过滤器舀出植物原料。

## 浸染连衣裙

将连衣裙底部约 1/3 的部分小心地放进染浴中，在染浴中浸泡至少 15 分钟，时间越长，颜色越深。可以将衣架或木杆穿过袖子作为支撑，将连衣裙挂起，而将裙摆浸泡在染浴里。

不论用什么染法，将连衣裙从染浴中取出后，都要使用中性肥皂洗涤。彻底冲洗干净后，将裙子悬挂晾干，避免阳光直射。

用酢浆草染色的衣服，其保养方法是使用中性肥皂在冷水中洗涤，因为这种颜色对碱性肥皂非常敏感，可能会掉色。

DYEING WITH

# calendula

## 金盏花属植物染色

金盏花属名“*Calendula*”是拉丁语“*calendae*”的现代指小词，意思是“小日历”或“小时钟”，因为这种花一整天都在随着太阳的移动而转动。金盏花是一种非常有用的植物，花瓣可食，可用来制作新鲜沙拉，或作为植物染色剂替代藏红花，为奶酪或其他食物染色。金盏花还可用于制作治疗伤口和炎症的软膏和香膏，也可内服治疗多种疾病。

建议先将织物进行媒染，以达到最强烈的色调——硫酸铝将带来发亮的黄色，铁元素将带来新鲜的黄绿色和温和的绿色。此配方使用了硫酸铝。金盏花在丝绸和羊毛这样的动物纤维上可以染出最明亮的色彩。

4 盎司丝绸和羊毛织物

1½ 茶匙硫酸铝粉

1½ 茶匙塔塔粉（可选）

4 盎司新鲜金盏花

中性肥皂

**设备**

耐热防水手套

中号不锈钢带盖锅

过滤器

清洗你的织物，并用硫酸铝粉和塔塔粉（如果使用的话）预先媒染。

向不锈钢锅中注入 3/4 的水，加入金盏花，煮至水煮沸。煨 1 小时，然后滤出花瓣，把经过预先媒染的织物放入锅中。

将织物煨 20 ~ 30 分钟，直到出现你想要的颜色，然后停止加热。为了使颜色更为饱和、鲜亮，可将织物在染浴中浸泡一夜。

使用中性肥皂在温水中清洗织物，并晾干，避免阳光直射。

# 夏

# 夏日色彩

芦荟 · 三角梅 · 靛蓝植物 · 桉树树皮 · 西番莲叶和藤蔓 · 枇杷叶 · 木槿花 · 野茴香 · 木樨草

对我来说，生活在加利福尼亚的北部海滨，夏天就是一个探险和探索的季节。用海边的多汁植物进行染色时，尝试用盐水作为媒介，或在高山小径上收集层层掉落的桉树皮，这些都是与景观地貌建立联系，然后通过水、加热和时间将它们变成独特色彩的美妙方式。

在夏季，许多水果都成熟了，在当地能找到许多新的风味和味道。发亮的常绿枇杷叶能够染出美丽的粉红色和珊瑚色；加上铁粉作为媒染剂后，染浴甚至可以变为深灰色、紫色和黑色。在整个旧金山湾区，枇杷果也是一种独特的大自然馈赠，尤其是在海滩边雾气蒙蒙的大道上。

夏季，社区花园的花也开得如火如荼，人们收获了大量的花、草药、农产品，甚至还有古老的原色染料植物，如能制出清新绿松石色的日本靛蓝植物，能染出正黄色的木樨草花和种子。这也是在后院花园和城市花园采花的好时候。

一处室外工作空间对染色师来说会是一个绝佳的工作室。夏天也是进行大件纺织品印染项目的最佳季节，例如让你的亚麻制品和床上用品换上清新的夏日色彩，给室外用的桌布、沙滩毯甚至是夏季的凉帽染色等。好天气让这些被染色的物品可以在新鲜空气中很快晾干，尤其是那些大件的织物。没有什么比与朋友们在海边聚会更美好的事了，躺在植物染色的野餐毯上放松自己，享受混着海水味道的夏日微风。

# 夏季染色植物

枇杷叶

野茴香

西番莲叶和藤蔓

芦荟

TUNIC

# 芦荟上衣

芦荟是一种可药用、具有治愈作用的植物，最早发现于南非。最受欢迎的真芦荟可以制作舒缓皮肤的凝胶，可用于镇定日晒后的肌肤。

然而，芦荟属包含了 500 多种开花多汁植物，其中许多是珍贵的耐旱观赏品种。虽然它们喜欢干燥、阳光灿烂的天气，但生活在更寒冷潮湿气候下的园艺师还是能够在室内很容易地种植芦荟。我就种了一种源自南非的品种，隐柄芦荟，又叫黄芦荟。许多芦荟品种都可以用来制作让人惊艳的染料。根据所使用的植物的部分和种类的不同，可以染出黄色、桃色、红色、棕色，甚至还能用芦荟叶子染出紫红色。南非的许多传统染料配方还会使用芦荟的根来染出更深的红色、泥土棕色和紫色。

所染出的颜色色调将取决于染浴的 pH 值，随着碱水比例的增加，芦荟染料会从壳粉色逐渐变为珊瑚红色。并不需要靠媒染剂来获得鲜亮的颜色，芦荟本身就能染出偏桃色的黄色。

这件上衣是件时髦的罩衫，颜色是带着日落色调的黄色、珊瑚色和淡淡的粉色。这是一个十分适合尝试用其他水源染色的项目，像海边收集的盐水，它能为你的色彩来源增添一分诗意，也提供了除自来水以外的另一种水源。

# 上衣

干净、未染色的丝绸上衣（大约 2½ 盎司）

中性肥皂

2 片新鲜芦荟叶子（约 8 英寸 ~ 12 英寸长，2 英寸宽），切成 1/2 英寸的小块

1 茶匙纯碱或木灰

## 设备

耐热防水手套

中号不锈钢带盖锅

过滤器

旧陶瓷板

将上衣浸泡在温热的中性肥皂水中，浸泡 20 分钟至一夜（不需要用力清洗，否则可能会让织物缩水）。然后漂洗并保持湿润直至染色。

在中号不锈钢锅中注入 2/3 的水。加入芦荟叶子。煮沸后将火调小，煨 20 ~ 40 分钟，直到水开始变成带点黄色的粉色或桃色。

使用过滤器将染浴中的芦荟叶舀出，丢弃或用来制作堆肥。

将保持湿润的丝绸放入染浴中，重新加热染浴至低沸状态。

想要获得更饱和的黄色和粉色，就需要在关火后，将上衣浸泡一夜，并在衣物上放置一块旧陶瓷板，将衣服压在水面以下，以保证染色均匀。

想要将淡桃色的色调调至珊瑚色，并制造晕染的效果，可以将纯碱或木灰加入染浴，并采用浸染的方法染色，以此来制作柔和的日落系色彩。

用中性肥皂轻轻洗涤，彻底冲洗，然后将衣服悬挂晾干，避免阳光直射。

DYEING WITH

# bougainvillea

## 三角梅染色

三角梅原产于南美，从秘鲁到巴西，南至阿根廷，都能看到它的影子。这种多刺的观赏性藤本植物很好地适应了世界许多热带和温带地区的气候。在雨水充足的地区，它是常绿植物；在干燥的气候中，它则是落叶植物。三角梅至少需要数小时的阳光直射才能开到最盛。如同一品红，三角梅的“花朵”是缤纷十足的纸质苞片，而其真正的花的部分却不那么显眼。

4 盎司丝绸或羊毛织物

1½ 茶匙硫酸铝粉

1½ 茶匙塔塔粉

2 杯三角梅的“花”，将“花瓣”拆开

中性肥皂

**设备**

耐热防水手套

研钵及研杵

过滤器

2 个中号不锈钢带盖锅

清洗你的织物，并使用硫酸铝粉和塔塔粉（如果使用的话）对织物进行预先媒染。在浸泡织物的同时准备染浴。

在三角梅的花中加入一杯水。使用研钵和研杵将花捣碎，榨出花瓣的汁液。将得到的混合物倒入盛有半锅水的中号不锈钢锅中。

煮沸后，再用小火煮 20 分钟。将液体滤至另一个中号不锈钢锅中，并将剩下的花瓣倒掉。对液体进行再次加热。

将浸泡好的植物加入染浴中，煨 20 ~ 40 分钟。

关火，将织物浸泡一夜。将织物从染浴中取出，使用中性肥皂在温水中清洗。悬挂晾干，避免阳光直射。

# 古典三原色：红、黄、蓝

在我获取自然色彩的旅程中，20 多岁时在我的家乡古尔博兹勒（缅因州东部乡村海岸）的达西亚农场参加的一次讲习班，让我深受启发。这些艺术家和农民种植传统的原色染料植物茜草、木樨草和靛蓝属植物，还保存了它们的种子，并将种子分享给其他人。我永远感激我收到的第一批茜草种子，靛蓝种子则来自于我居住的社区。

这个最初的灵感使我开始了自己近 20 年的染料植物培育，我将保存和分享重要染料植物种子和幼苗的做法一直坚持了下来。确定哪些植物是你想用来染色的和决定如何将它们融入你自己的花园，也是在日常景观美化和园艺工作之外，能给人带来满足感的一件事情。种植古老的染料植物，也能为你提供主要的自然色彩，而且这些色彩都已经被使用了上千年。当这些色彩以崭新的形式出现的时候，这些古老的原色染料能焕发出惊人的色彩活力。这一点对于木樨草尤其明显，当使用干燥的植物原料时，它们所染出的颜色仍然是一种非常鲜亮的黄色；而当使用新鲜的木樨草时，所染出的颜色则是一种更偏荧光的柠檬色，且带有清晰的金色色调。

## 红色茜草

茜草是一种多年生草本植物，原产于地中海东部和中亚。它是植物染色中“真”红的最重要来源。茜草根作为植物染料使用的历史已经超过 5000 年，而且早在公元前 1500 年就已被栽培。茜草被古代波斯、埃及、希腊和罗马人用作色源，几乎所有红色织物的染色都使用它，直到 20 世纪初被合成染料取代。在图坦卡蒙国王的墓中，在斯堪的纳维亚的古代墓地里，甚至在庞贝古城和古科林斯遗址中，都发现了把茜草用作染料植物的痕迹。最早的美国国旗很可能也是用茜草根或茜草和胭脂（一种原产于南美和中美洲的甲虫红色染料）的混合物染成的。

茜草非常容易种植，具有很高的种子发芽率，而且尤其耐旱，即使很少浇水，它们在花园里也生长得很不错。茜草的根系需要三年甚至更长的时间才能达到成熟期，并产生充分的染料提取潜力。我在收割茜草根时，会将一些干燥的茜草保留下来，以方便工作室未来一年的使用，剩下的都在其新鲜时使用。

茜草是一种寿命较长的多年生植物，属于茜草科，与咖啡同属一科。在深秋时节，茜草长长的卷须和叶子开始脱落，浆果逐渐变干，种子看起来像黑胡椒。在寒冷的气候下，秋天是收割根茎的好时机，并且要在地面结冰前保存种子，因为植物已经进入休眠状态，所以不必将黏糊糊的茎叶摘掉。把茜草种在两个不同的苗圃上也是一个好主意，这样就可以像我一样年复一年地轮流收割，总有新鲜的茜草根可用。从花园中收割的茜草可以在干燥后无限期保存。

茜草根的色素对温度和水中矿物质的含量十分敏感。使用轻微的硬水能达到最好的效果，加入一些碳酸钙，或者甚至可以在染浴中加入一小片解酸药片，让水的碱性更强，以获得更清透的红色。

茜草根是一种安全无毒的红色，这对人工合成的红色来说是很难实现的。其生物化学成分包括茜素、产生红色的主要化合物，以及超过 25 种的其他着色剂。茜草红的生命力和活力也远远超过合成的化学红。具有讽刺意味的是，在处理过的茜草根中发现的茜素，是第一个被人工合成的天然色素，合成的时间是 1868 年，到了 1871 年，人们发现茜素还可以从煤焦油中提取。这种染料的合成品导致了从中东到欧洲及新世界作为茜草红的长期、可靠的市场的瓦解。

## 黄色木樨草

木樨草，也被称作染色师的木樨或染色师的芝麻菜，是一种两年生植物，中间会经历一次有趣的转变，第一年的时候形状像一个大莲座，第二年会长成高穗状。开花后，木樨草的叶子会变成像它的花一样的淡黄色。木樨草是欧洲最古老的染料植物。它生长在瑞典南部，以及北欧和西非。在早期的英国和欧洲（当时它是一种主要作物），木樨草作为一种本地植物大量存在，也被广泛使用。它在美国的一些地方已经被引种了，包括科罗拉多。

木樨草作为黄色染料的历史很长。现在在欧洲的许多地区，它也仍然作为经济作物被广泛种植，尤其在诺曼底。纯净、明亮的黄色是从合成染料最难获得的颜色。

木樨草黄被罗马人用来染罗马帝国守护壁炉的童真少女的长袍。罗宾汉那著名的绿色装扮则是分两步染成的，先用黄色染，然后再用欧洲菘蓝染蓝色，这样才能染出纯正的绿色。在历代许多艺术杰作中，木樨草黄色也具有重要的历史意义。弗米尔在《戴珍珠耳环的少女》中，先用黑色画了背景，然后使用蓝色和黄色混合，营造出玻璃般的深邃的绿色，让整幅画十分动人。木樨草黄作为一种颜色具有一定的透明性，因此它也是一种理想的为玻璃上釉的颜色。

使用木樨草充满生命力的绿叶、新鲜的黄色花朵和种子，可以制出充满活力的黄色染料，尤其是使用偏硬质的矿泉水，因此我经常会在水中加一些碳酸钙。染浴也会有辛辣的胡椒味。这种植物染出的黄色，其明亮度令人着迷。从自己的花园里收获木樨草用来制作染料也是十分有益的。有一次，我收获了一大捧新鲜的木樨草叶子和花朵，用它们制出的染浴让我连续使用了足足六周。

## 蓝色靛青

从植物中获取的靛蓝是已知的最古老的自然色彩之一。最近几年，靛蓝又重新回到人们的视线中，这不是毫无原因的。作为一种自然色彩，靛蓝无毒且具有医用价值，而且这种神秘的蓝色有许多色调，不仅不易褪色，还十分绚丽。

作为一种植物染料，靛蓝有极大的优势。它在棉布、荨麻和亚麻等植物纤维上显色迅速，能呈现耐水洗和耐光照的颜色，再加上其深蓝色能够有效遮盖污点，因此靛蓝是一种十分实用的染料。

世界上许多国家和地区都曾种植和使用过靛蓝植物。植物的来源、提取染料的方法和配方是多种多样的，而且靛蓝的应用也是多种多样的。纵观历史，从许多植物中都提取出过“靛蓝”。提取出的色素浓度最高的植物是一种名为槐蓝的热带属种。我在花园里及加州艺术学院染料园里种植的是一个叫作日本靛蓝的品种，这种植物特别适应海湾地区的温带地中海气候。

合成靛蓝的生产始于工业革命时期，由此世界范围内对天然靛蓝的使用量骤减。天然靛蓝与合成靛蓝的着色剂是相同的，而生产合成靛蓝是如此便宜，以至于连欧洲人使用天然靛蓝的频率也没有从前高了。随着合成靛蓝产量的不断增加，非洲和亚洲的天然靛蓝植

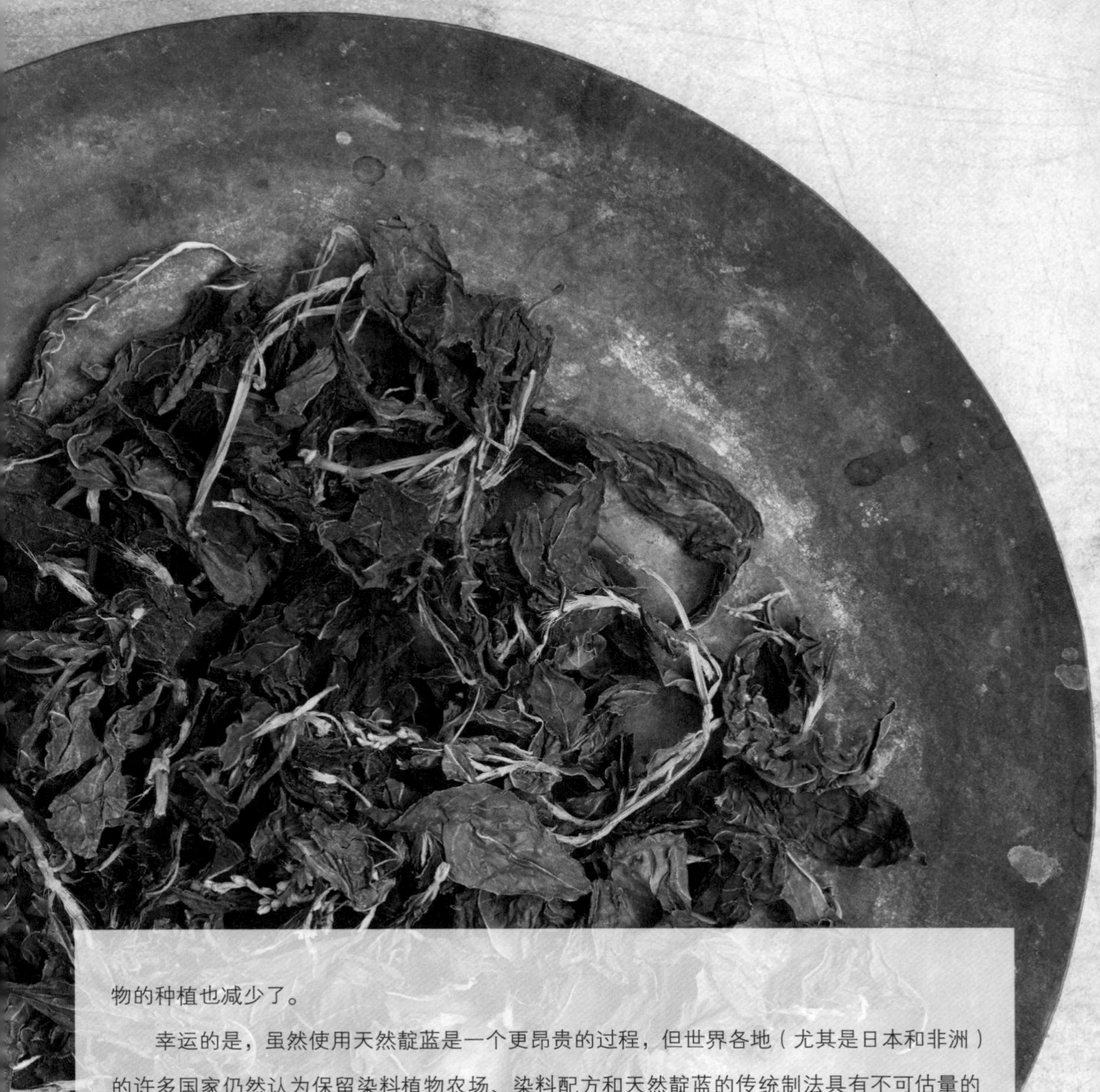

物的种植也减少了。

幸运的是，虽然使用天然靛蓝是一个更昂贵的过程，但世界各地（尤其是日本和非洲）的许多国家仍然认为保留染料植物农场、染料配方和天然靛蓝的传统制法具有不可估量的价值。多方的奉献与实践，使我们今天仍然可以看到充满活力的天然靛蓝在当代设计中的应用，而不是只作为古老的遗产存在。

在当今美国和世界其他地方的区域和经济体中，种植天然靛蓝植物是一项健康和令人振奋的活动。纺织品艺术家和教育家罗兰·里基茨推进了靛蓝在中西部地区的复兴；创立了纤维库运动，将农民、设计师和当地染色师、纤维和染色工人联系起来的丽贝卡·伯吉斯，在加利福尼亚地区种植天然和保留生物多样性的靛蓝作为可收获的作物。同时，纤维库运动在美国和世界其他地区也不断被推广。

## 靛蓝植物床品

许多植物品种中都含有珍贵的靛蓝。日本靛蓝是一种在温带气候下很容易生长的一年生植物，可以年复一年地结出种子。

你可以用新鲜的靛蓝染出绿松石的颜色，但这里的深蓝色是通过发酵获得的。

在植物世界中，靛蓝色素有许多种类和来源，也有许多制作靛蓝染浴的配方和方法。然而，我最喜欢的是来自法国著名染色师米歇尔·加西亚的配方，他为找到一种现代化、十分便捷的、简单的有机靛蓝染浴制作方法做出了巨大的努力。他在摩洛哥靛蓝染色法的基础上，使用靛蓝、石灰和果糖粉（可以是成熟或是熟透的水果，这往往是许多家庭的废弃原料）来制作靛蓝染浴。我喜欢用这种在家里就能制作的、简易还原的染料染色，我和许多其他的植物染色师都可以证明这种方法的简便性和生命力。一旦你的还原染料做好了，它只需要比室温高一点的温度来保持其性能，但需要定期“喂养”果糖粉。

靛蓝可能是用来给床上用品染色的最好的植物染料。不仅因为它的染色固度高，也因为颜色比较深，能够遮盖污渍，还经得起高温洗涤。靛蓝是一种带有治愈性的、让人平静的染料，而且借助简单的扎染技术，也可成为制作有趣色调和图案的美丽媒介。

## 床品

½ 杯有机靛蓝粉

1½ 杯果糖粉

1 杯酸洗石灰

1 个大号羽绒被（约 1 磅）

2 个枕套（大约 8 盎司）

中性肥皂

### 设备

耐热防水手套

防尘面罩

温度计

2 夸脱梅森罐

搅拌器

大号不锈钢带盖锅

记录本（可选）

不会发生反应的 5 加仑带盖桶或大号橡胶带盖垃圾桶，或其他不会发生反应的容器

2 个大小相同的长方形木块，至少 ½ 英寸厚（约 4 英寸 ×4 英寸）

粗麻线或橡皮筋

4 英寸口径管或杆

戴上手套和口罩，先来制作备用溶液，也称为“母液”。用温水将一杯靛蓝粉制成糊状。向一个 2 夸脱的梅森罐中加两杯热水（至少 50℃）。搅拌均匀，得到一种非常蓝的混合物。在罐中加入少量的果糖粉，搅拌均匀。确保没有结块。

加入一半的酸洗石灰，注意要一点点地加入，且每次加入后都要搅拌均匀，直到彻底溶化，确保没有结块。然后加入足量的热水，注满整个罐子。当罐子里的固体慢慢上升到罐口时，溶液会越来越清，但溶液仍有些浑浊，此时溶液会呈现偏绿的黄色。

静置 1 小时，使其发生化学反应。把罐子放在热水中将有助于加速反应。每 15 分钟搅拌一次“母液”，然后再次静置。每次搅拌时，溶液应该会变得更清，呈现黄绿色甚至是棕红色，这意味着反应正在发生。

45 分钟后，最后一次搅拌罐中的液体，然后将液体静置 15 分钟。

当一朵蓝色的“花”（一个圆形的泡沫状气泡，气泡表面是深蓝紫色）在溶液表面形成的时候，你的“母液”就准备好了，这时溶液下部的剩余部分仍然是黄绿色。罐子下部的液体、液体表面的花和沉淀物之间也是有明显区别的。

在你的靛蓝“母液”准备好之后，向一个不锈钢锅中注入 2/3 的热水，热水温度大约为 50℃。轻轻地将母液（包括底层的沉淀物）都倒入染锅中，并搅拌均匀。当靛蓝花

朵再次出现，且上表面呈现蓝色和铜色，下面的液体为绿色的时候，还原染料就制作好了。等溶液冷却下来后，小心地将其倒入一个不会发生反应的大桶或橡胶垃圾桶里，再加入一些水，保证染浴可以没过大件的织物。

清洗你的织物然后浸泡。

小心地把织物下部的 1/3 放入染锅中，使其能在锅中自由移动，以保证染色均匀，然后浸泡 30 秒到 3 分钟。轻轻地把织物从染缸中取出，挤出多余的染料，我一般用染缸的盖子来收集多余的染液。然后再将染料倒回染缸，以免浪费靛蓝染料。当你把织物从染缸中取出的时候，将看到它们从绿色变成青色，再变成蓝色，这是因为靛蓝染料被暴露在空气中发生了氧化。这是一个奇妙的过程。把你的织物全部打开，并氧化至少 5 分钟，每次浸染之间最好间隔 30 分钟，以保证最好的染色效果，每次浸染和将织物暴露在空气中后，织物的颜色会变得更深。当你对染就的颜色感到满意时，将织物从染缸中取出，并用中性肥皂清洗。彻底冲洗后，将其悬挂晾干，注意避免阳光直射。

## 靛蓝染料的保养

### 再平衡染料

当染液完全变为蓝色时，即液体表面以下或浸染的织物已经不是绿色时，就需要调整染液的比例使其再次平衡，因为正常染色时，靛蓝在氧化后是由绿色变为蓝色的。当这种情况发生时，需将当前的靛蓝染液从保存它的容器中取出，放入一个大号不锈钢锅中，然后缓慢地加热至 50℃，再加入 1/4 杯果糖粉。等待 15 ~ 30 分钟，直到染液重新变回黄绿色的状态。如果经过这个步骤之后，染液仍然是蓝色的，那么就需要再加入一汤匙酸洗石灰，搅拌均匀，静置。你可能需要重复此过程来使染料桶中的染液重新平衡。当你把测试用的布条放入染液中，取出的布条像从前一样由绿色经过氧化变为蓝色，且染液看起来呈绿色，但是靛蓝的“花朵”已经重新出现在液体表面时，染液就再次平衡了。

### 补充染料桶

当你完成了现在的这个项目时，就需要补充你的染液了，这样染液才能为下一个新项目所用。经常更新靛蓝染液使用日志，可以帮你记录和确保你总有足量的染料为织物染色，且不会因为在染液中加入了过多的织物导致染液失效。补充染液，并根据你想染色的织物的重量，将其添加到已有的染液中。

### 染料桶的存放

如果你现在使用的靛蓝的量比较少，你可以将这些少量的靛蓝染料存储在一个不会发生反应的大约 5 加仑的带盖桶里。对于大型的染色项目和大量的天然靛蓝染料，你可以将它保存在一个大的带盖橡胶垃圾桶内。给有机靛蓝染浴贴上标签。下次使用的时候需要先进行染浴平衡。方法见上面的步骤。

### 处理染液

可以通过平衡染料的 pH 值来中和靛蓝染料的碱性。加入 1 ~ 2 杯白醋，然后将冷却后的溶液倒入下水道或你家的花园里，或者用来浇灌那些需要将石灰作为土壤改性剂的植物。

DYEING WITH

# fresh indigo

## 新鲜靛蓝植物染色

我喜欢用非常简单的配方，如只用新鲜、绿色的日本靛蓝树叶和水来染色。它就像从花园摘下新鲜的叶子来制作香蒜酱一样简单。用这种方法可以在丝绸织物上染出鲜艳的绿松石色。这个配方如此简单，以至于我会让我的孩子们一起参与染色，他们也完全可以自己完成，因为无须加热，也不会用到额外的化学物质，就能得到这种鲜亮的绿松石色。在没有还原剂的状态下，这种方法并不会减少叶绿素中的靛蓝色素，因此绿松石色和中蓝色都会呈现为最明亮、最深的颜色。虽然方法简单，但依然可以得到这样的颜色，这简直是太值得了。如此少的工作，换来的却是如此震慑人心、如此鲜活的绿松石色，这种颜色用其他方法都染不出来。

8 盎司真丝织物

1 磅新鲜的绿色日本靛蓝叶子

中性肥皂

**设备**

搅拌机

中号不锈钢或不反应的碗

将丝绸织物彻底洗净。

使用搅拌器将叶子与 1/2 杯水混合，得到糊状的混合物。将混合物倒入盛有 1/3 水的碗中。搅拌混合。

将织物浸入水中，并搅动织物 3 分钟以确保染色均匀。将织物取出，让靛蓝染料在空气中氧化 3 分钟。你会看到织物开始变成明亮的蓝色或绿松石色。继续将织物浸入染液几次，直到达到所需的颜色饱和度（通常需要浸入 3 次左右）。

叶子的混合物会沾到织物上，因此一旦完成了最后一次浸染，需要仔细清洗织物，以去除叶片残留。然后用中性肥皂清洗你的织物，最后悬挂晾干，但避免阳光直射。

# eucalyptus bark

NECKLACE

## 桉树皮项链

世界上有 700 多个桉树品种，其中只有 15 种生长在澳大利亚以外的地区。对于那些周边有进口桉树的人来说，就像我在加利福尼亚那样，桉树皮的收集会比较容易，许多桉树的皮会自然脱落，且数量庞大。

桉树的所有部分都可以用来制作耐晒、耐洗的染料，且与所有织物都能配合得很好。色彩潜在范围从黄色、橙色，到绿色、棕褐色、巧克力色和深红色。使用过的桉树原料还可作为地膜或园林肥料安全使用。

这个配方是用黑色和深银灰色给人造丝绳染色，以制作一条扭曲缠绕的绳子项链。

桉树皮含有大量的丹宁，能帮助染料与动植物纤维很好地结合。如果加入铁粉，桉树皮染料还可以从焦糖色变成墨灰色、蓝色和黑色。

某些品种的桉树被人们熟知，是因为它们能染出鲜艳的珊瑚色、橙色和深红色，但我还是深深喜爱桉树丰富且美丽的树皮，因为用它们能够简单地、几乎不失败地染出各种天然黑色。使用合成方式生产的黑色染料往往都是有毒的，同时也不很稳定，因此能够简单、容易地从更安全的有机来源制作黑色染料简直是上天的一种恩赐。

# 项链

8 盎司桉树树皮，切成 2 ~ 3 英寸的碎片

1 码人造丝绳子（8 盎司）

中性肥皂

1 茶匙铁粉

## 设备

耐热防水手套

防尘面罩

小号不锈钢带盖锅

搅拌器

过滤器

清洗和浸泡桉树皮，以去除采集过程中的所有污垢和其他残留物。

用中性肥皂清洗你的人造丝绳，然后将其浸泡在温水中（不需要用力清洗）。

向一个小号不锈钢锅中注入 2/3 的水，将清洗和粉碎过的桉树皮放入锅中，加热煮至低沸。然后调小火，煨 30 分钟至 1 小时，直到染液变成浓郁的焦糖棕色。

戴上防尘面罩，加入铁粉并搅拌。这时焦糖棕色的桉树皮染液会呈现墨黑色。将桉树皮从染浴中滤除，调小火加热，盖上盖子。

将绳子扭曲缠绕成想要的长度的项链，然后放入染浴中。

煨绳子至少 20 分钟。当达到想要的颜色时，将绳子取出，如果想要染成更深的颜色，可以把火关掉，将其置于染浴中过夜。

使用中性肥皂清洗项链，并晒干，但要避免阳光直射。你的项链就做好了！

## 西番莲叶和藤蔓染色

西番莲藤蔓生长迅速，是很好的自然色彩的来源。根据品种的不同，这种植物可以产出一种美味多汁的水果。西番莲原产于美洲，切罗基族的人们将它的果、花和叶子作为食物。在 19 世纪，干燥的西番莲叶和茎还被广泛用于治疗失眠和焦虑。直到今天，西番莲仍然是流行的草药。它精美的紫色花朵也是我的最爱之一，尤其是它美妙的色彩和图案。西番莲的叶子和茎可以染出从金黄色到质朴的绿色等颜色。

4 盎司西番莲的叶子和藤蔓，切成 1 英寸的碎片

4 盎司丝绸或羊毛织物

1½ 茶匙硫酸铝粉

1½ 茶匙塔塔粉（可选）

中性肥皂

**设备**

耐热防水手套

中号不锈钢带盖锅

将切碎的西番莲的藤蔓和叶子放在盛有足够多水的中号锅中，水要没过织物。缓慢煮沸，并煨 20 分钟。关火，让染浴静置。

清洗你的织物，用硫酸铝粉和塔塔粉（如果使用的话）进行预先媒染，然后将它放到染浴中，再次加热至沸腾。小火煨 15 ~ 20 分钟。如果想要得到更饱和的颜色，可以在关火后将织物在染浴中浸泡一夜。

将织物从染浴中取出。用中性肥皂轻轻清洗，彻底洗净后，将其挂起晾干，但要避免阳光直射。

## 枇杷叶野餐毯和餐巾

富有光泽、色彩明亮的绿色枇杷叶不用进行额外媒染，即可染出美丽的珊瑚粉色和红色; 如果再加上铁粉作为改性剂，则可以染出深紫色、灰色，甚至是黑色。枇杷树是常绿植物，全年都有叶子。在亚洲的许多地方，枇杷叶还被用于药茶。枇杷的果实是小小的、黄色的，肉软多汁、口感甜美（很像金橘），有美丽的圆形亮棕色果核，这又是一个在自己院子里种枇杷的好理由。

我最喜欢的这种染料是在一次试验中发现的，那次我用变黄脱落的枇杷叶子作为染料原料，染成的颜色是一种带荧光的桃色。几年过去了，染出的色调仍然明亮、迷人。

这条用枇杷染料染成的毯子，可以在夏日海滨晚餐时充当美丽的帐篷使用。

# 野餐毯和餐巾

2¼ 码干净的 100% 未染色天然亚麻布

20 片（1 磅）新鲜枇杷叶，洗净切碎（8 盎司）

¼ 茶匙铁粉

1 汤匙柠檬汁

中性肥皂

## 设备

耐热防水手套

大号不锈钢带盖锅

不锈钢夹具

防尘面罩

剪下 2 码的亚麻布做毯子。把剩下的一块裁成两半作为餐巾。

彻底清洗亚麻布，然后将它们浸泡一夜。

向大号不锈钢锅中加入足够的水，要能够没过布料，且能让它们在锅中自由移动。

加入切碎的枇杷叶并煮沸。然后调小火，煮至液体变成深粉红色或红色。

待浸泡好后，将叶子滤出，丢掉或留作堆肥。轻轻地挤出布料中多余的水分，然后放到染浴中浸泡。将布料在染浴中继续煨 20 ~ 40 分钟，或关火将布料浸泡一夜。浸泡的时间越长，染出的粉红色、桃色和红色就越鲜亮。

当布料达到你想要的色调时，用不锈钢钳将它们从染料中取出。用中性肥皂清洗。悬挂晾干，注意避免阳光直射。

### 制作枇杷餐巾

当用枇杷染料染好的餐巾完全干燥时，轻轻地用手摩擦布料的边缘，制造原始、自然的边缘效果。

如果想要改变图案和颜色，将铁粉与 1/2 杯热水混合，然后在另一个容器中将柠檬汁与 1/2 杯热水混合，直至完全溶解。

带上防尘面罩，将混合好的铁媒溶液洒在餐巾上，餐巾就会呈现随机的深灰色和深紫色的圆点。

然后换柠檬溶液重复一次。这将产生漂白的效果，因为柠檬含有酸性成分，并发生了深度酸洗。使餐巾完全干燥，再用中性肥皂清洗。把餐巾晾干。

# hibiscus

SUMMER HAT

## 木槿花夏凉帽

我与木槿花有很深的渊源。在 20 世纪 40 年代，我的祖母曾是佛罗里达维罗海滩麦基丛林公园的明信片模特，我一直深深喜爱她的一个特定形象，就是她坐在一个郁郁葱葱的植物园池塘边上，周围开满了五彩缤纷的木槿花。

木槿花有许多用途，可作为装饰、烹调用品使用，也可作为染料植物。可以从枝头上摘深红色和深粉色的花朵，也可以收集掉落的花朵来获取清新的色彩。干燥的木槿花还可以在当地天然食品杂货店的散装食品和香料区找到。用木槿花能染出饱和度极高的色调，从紫红色到紫色，还有钢蓝色和灰色。

红色和暗粉色的木槿花在天然稻草和酒椰纤维上的染色效果尤其好，这使得它们可以进入夏天衣橱。无涂层的天然稻草和纸草帽最适合这个项目。可以先把草帽浸泡在水中，然后用硫酸铝、丹宁酸和铁粉对草帽进行预先媒染。还可以将媒染剂直接添加到染浴中，然后使用浸染的方法染色。基于草帽暴露在阳光下的频率，可能要在每个季节定期为草帽重新染色。再用木槿花制作一杯冰茶在阴凉处享用吧！

# 夏凉帽

天然浅色无涂层的稻草或酒椰纤维帽子（4 盎司）

中性肥皂

¼ 杯干燥或新鲜的暗红色、紫色、深粉红色或红色木槿花

1½ 茶匙硫酸铝粉

1 茶匙苏打灰

## 设备

耐热防水手套

小号不锈钢带盖锅

中号至大号不锈钢碗或不反应容器（塑料碗、玻璃碗或纸盒）

不锈钢过滤器

搅拌器

用中性肥皂清洗你的草帽（不必用力清洗），然后将其放在水中浸泡，直到将染浴准备好。

把木槿花放入一个装满水的小号不锈钢锅里。煮沸后，调小火，保持沸腾。煨木槿花 20 ~ 30 分钟，确保获取最浓郁的颜色。关火，浸泡并冷却。

根据你的设计，将冷却后的木槿染液倒入一个足够大的不锈钢碗中，染液要能充分浸没帽子或只将帽顶浸在染液中，帽檐置于碗缘上。

将硫酸铝粉（硫酸铝会提亮紫色）添加到你的染液里，然后将帽子顶部在染液中蘸染。关火。将帽子的顶部在染液中至少浸泡 20 ~ 40 分钟，或者甚至浸泡一夜，让颜色更饱和。然后将帽子移出染液，仍然保持帽顶朝下，用中性肥皂清洗。让帽子滴水，直至变干。

一旦帽顶干了，就该给帽檐染色了。小心地将帽檐塞进染液中（不必加热），将帽子在染液中至少浸泡 20 ~ 40 分钟。然后将帽子取出，放在一边（暂时不用漂洗，因为一会儿还要将帽子再放回染液中），在染液中加入苏打灰。这一步是为了给帽檐染上更深一层的颜色（蓝色、黑色和深绿色）。将苏打灰与溶液混合。现在将帽檐再次浸染出一层新的颜色。当达到理想的颜色时，在温水中用中性肥皂清洗草帽，并将其晾干，注意避免阳光直射。

DYEING WITH

# wild fennel

## 野茴香染色

在我居住的旧金山湾区一带，野茴香在夏季生长旺盛。茴香是一种极好的植物染料来源，能染出明亮的黄色和绿色；用硫酸铝作媒染剂，它可以在羊毛和丝绸织物上染出绚丽的黄绿色，如果再加入铁粉作为改性剂，则会产生森林一般的深绿色。

4 盎司丝绸或羊毛织物

1½ 茶匙硫酸铝粉

1½ 茶匙塔塔粉（可选）

4 盎司鲜艳的黄色野茴香花和叶子

4 盎司野茴香茎，切成 1 英寸的碎片

中性肥皂

**设备**

耐热防水手套

中号不锈钢带盖锅

过滤器

彻底清洗织物，并使用硫酸铝粉和塔塔粉（如果使用的话）进行预先媒染。

把切好的茴香放入盛满水的罐子里，水要没过所有织物。将水煮沸，煨 20 分钟。关火，并将植物原料在染浴中浸泡过夜，如果需要的话，也可以直接将植物原料过滤出来。

将经过预先媒染的织物加入染液中，并将染液再次加热至沸腾。然后煨 15~20 分钟。如果想得到更饱和的颜色，可以将织物在染浴中浸泡过夜。最后将织物从染液中取出，用中性肥皂轻轻清洗，彻底洗净后，悬挂晾干，但要避免阳光直射。

DYEING WITH

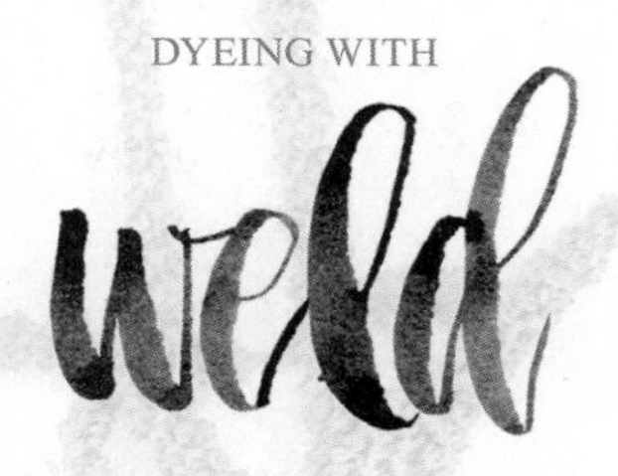


## 木樨草染色

木樨草是古代一种非常耐光和耐洗的黄色染料的主要来源。它很容易在你的后院快速生长，但并不具入侵性。夏天，新鲜的木樨草花还会将蜜蜂和蝴蝶吸引到你的花园里。

在这个配方中，我用新鲜的木樨草花、叶子和种子来制作染料，这些原料都是在木樨草长势最旺的仲夏时节采摘的。这种植物的色素都集中在花朵、叶子和种子上。从新鲜木樨草获取的黄色的亮度主要取决于木樨草所生长的土壤、染色过程中所使用的水，甚至是木樨草植株本身。木樨草花在碱性环境中会开得更盛，如果所制出的染液没有达到你想要的那种明亮、透明的黄色，可以在染浴中加入一茶匙碳酸钙。木樨草可以在任何织物上染出明亮、纯净的黄色，如果再经过靛蓝染色，就会得到真正的黄绿色。

4 盎司丝绸或羊毛织物
1½ 茶匙硫酸铝粉
1½ 茶匙塔塔粉（可选）
4 盎司新鲜木樨草花、叶子和种子，切成 1 英寸的碎片
1 茶匙碳酸钙（可选）
中性肥皂

**设备**

耐热防水手套
中号不锈钢带盖锅
过滤器

彻底清洗织物，并使用硫酸铝粉和塔塔粉（如果使用的话）对织物进行预先媒染。

将木樨草放入盛有 2/3 水的不锈钢锅中，煮沸。然后煨 1 ~ 2 个小时。注意保持小火加热，因为过热会使染液颜色变暗。

用过滤器将植物原料舀出。

将织物添加到染浴中，小火煨 20 ~ 40 分钟，直到达到你想要的颜色。或者将染浴从火上移下来，待染浴冷却后再加入织物，然后浸泡几个小时。

最后将织物从染缸中取出，用中性肥皂清洗。悬挂晾干，但要避免阳光直射。

# 自然色谱

用植物可以染出令人难以置信和不同寻常的颜色，自然获取的颜色往往比合成的颜色更生动、更吸引人，有更好的视觉效果。植物染料还有一个优势，就是你可以用媒染剂或改性剂轻松地将一种植物所产生的颜色转化成其他颜色。这就意味着用一种植物和一个染浴可以调出许多不同的色调。

要想了解真正的色彩深度，使用植物染料染色，同时试验其相互作用，并探索单一植物在全年不同季节所能呈现出的不同颜色，这些方法是再好不过了。使用植物染料染色显著地转变和提高了我的色彩感。我现在对所有从植物中获取的颜色有非常好的欣赏能力，尤其是那些复杂的、有层次感的颜色，以及那些我从来没有想过的极其特别的色调。

自然色彩在不同光线下也会呈现不同的色彩，进而创造出无与伦比的活力，这是平淡的合成色永远无法达到的效果。这个特质让那些你原以为会产生冲突的任何色彩都能相互调和，因为色彩是逐渐形成的。事实上，植物染料不仅包含了预期的色彩，还包含了相对的色彩，这就制造了一种复杂性，而这种复杂性几乎是合成色彩无法复制的。例如，用松果染出的土红色，在不同的光线下，可能包含清爽的绿色色调。

当我作为一名染色师不断成长的时候，我慢慢学会了欣赏各种色调，既有极其鲜艳的，也有柔和的。从植物中获取的天然霓虹和天然素色，我都喜欢，尤其是植物色彩中的灰色。许多含有丹宁的植物所染出的色彩，可以很容易地被铁（作为改性剂）调为灰色。由植物获取的灰色包含了从红色，到黄色、蓝色，以及各中间色的色调。

色彩理论认为，颜色能够唤起生理反应。由植物获取的颜色既让人镇定，又能唤起人们的兴趣，既充满生气又舒缓人心。从合成色彩到天然色彩的转变，有利于保护生物多样性，也会带来进化方面的益处。就像我们的味觉、触觉和嗅觉的扩展，对我们的成长和智力发展有好处一样，天然色彩的扩展，使我们能够感觉到与我们所处环境之间的密切联系，并从中获得精神的修复，感受到更多的意义和愉悦，从而在本质上，更真实和积极地生活。它帮我们真正地参与到我们所能看到和感受到的一切中。

## 色彩协调

还原植物染料配方的过程并不总是有直接成效的，但是它仍然是一个令人兴奋的过程，而且能够带来许多心生敬畏与发现的时刻。每一种植物染料都拥有自己独特的化学成分，因此典型的套染和合成颜色的方法不一定会用到。例如，用从酢浆草中获得的黄色与从靛蓝植物中获得的蓝色，不一定会混合出绿色，因为酢浆草对 pH 值十分敏感，在碱性环境中会变为橙色，而靛蓝植物则需要在碱性溶液中才能产生着色效果。

今天，植物染色师们不仅从一般单一植物来源中发现被长期遗忘的自然色彩配方，而且也尝试新的植物染料组合，以创造以前从未被染出的颜色。当我们唤醒这些可食用的、可药用的，或者可用来制作染料的有用植物的知识时，我们也获得了比以往任何时候都多的机会来接触更多植物。我们仍然处在一个全新的自然色彩时代的开端：研究它们的色彩能力、它们的完整色彩范围、它们彼此结合的方式，以及它们在当代的应用。

## 季节性色轮

几年前，我从在永续时尚研究机构 Permacouture 所做的一些工作中受到启发，想要制作一个季节性的色轮，以将当地植物放入一个视觉日历，展示旧金山湾区的季节性植物可以染出的颜色，以及什么时候可以收获这些植物。这个工具不仅为我提供了一个一眼就能看到的、来源广泛的自然色彩的样本，还提供了一个通过添加媒染剂和改性剂来获取植物全部色彩潜力的指南。

植物色板还向我们讲述了颜色产生过程中的美妙故事。在每种文化中都有具有象征意义的植物色彩的故事，讲述了各种各样的植物色彩从何而来。有的色彩来自于一次仲夏晚餐的副产品，有的来自于你喜欢的一束花束，有的来自于某个春天的星期日午后从花园里采集到的种子，或是在暴风雪过后的丛林散步时捡到的落枝。这是一个启发灵感的过程。这些色彩故事可能会组成有趣的时装设计色板或家庭装饰，甚至是一系列绘画作品的色彩主题。

我已经开始为世界各地的其他城市和地区制作色轮。下图是我为旧金山湾区所制作的色轮。

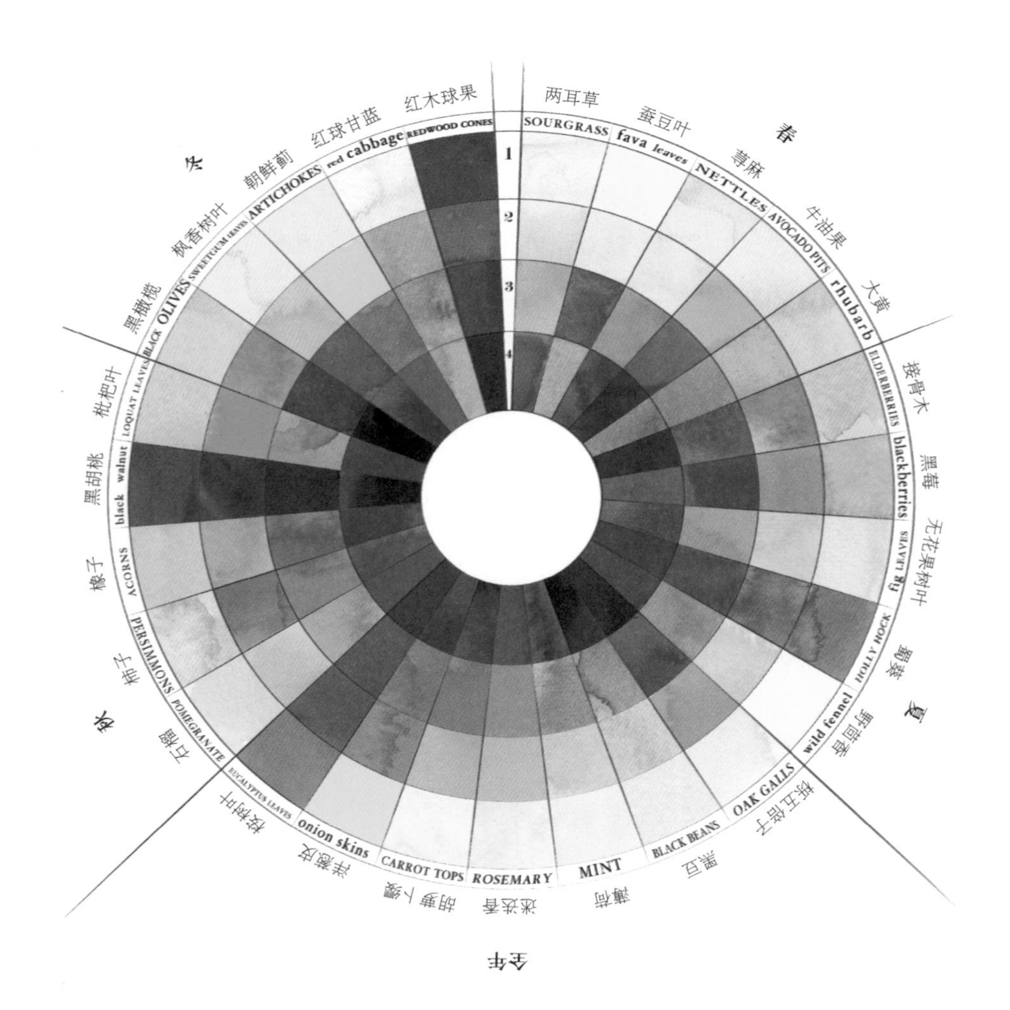

秋

# 秋日色彩

洋葱皮 · 黑豆 · 葵花籽 · 柿子 · 迷迭香 · 黑胡桃 · 茜草根

秋天的许多落叶，还有很多果实外皮、坚果和植物的根部，都可以收集起来，用作植物染料。当你收起夏装，换上秋衣、冬衣时，秋季染色的时机也就到了。这时，花园中所有的染料植物和染料副产品也迎来了丰收的好时机。

秋季为植物染料增添了许多鲜艳的色调：用刚采集的茜草根可染出深邃的红色；用洋葱皮和其他根菜外皮可染出绚丽的橘色；用秋季落叶可染出桃色、绿色、金色和黑色；用新采摘的胡桃的外壳可染出完美的焦茶色；用霍皮黑葵花籽可染出深紫色和黑色，你可以将葵花籽保留起来，来年种在染料花园里，也可以与家人、朋友和邻居们共同分享。

秋天也是在地面结冰之前挖掘根类植物将其进行干燥储存的好时机，这对于花园中某些重要的染色植物也一样适用。茜草根可能需要几年的时间才能迎来收获期，当你将它挖出来的时候，你会收获一个色调朴实的小奇迹。

给纤维染色是秋季染色实践很好的开端。从当地的绵羊、羊驼甚至是安哥拉兔身上获取纤维，并以此作为秋季染色的画布，是一件令人无比满足的事。许多小农场会参加丰收节庆，从养殖户手中购买纤维，也算是为当地纤维和染料经济做出了自己的贡献。那些生活在城市中的人们，也可以在农贸市场里找到这些纤维。

植物染色是一种令人愉悦的感知自然的方式。当你用秋季收获的作物染色的时候，你可以充分地品味秋天的颜色，尽情享受与家人和朋友在一起的时光。

# 秋季染色植物

绿柿子

黄色洋葱皮

苔藓

黑豆
霍皮黑葵花籽
茜草根
黑胡桃外壳
迷迭香

ROTHKO-INSPIRED CANVAS

## 洋葱皮罗斯科风油画

各种洋葱皮是最奇妙的染料之一。它们的好处在于易于获得，多数时候它们都被当作垃圾，被遗忘在杂货店、餐馆，甚至是你自己的厨余垃圾中。洋葱皮，不论是黄色的还是红色的，都可用于染出饱满的橙色、金色、赭石和深绿色。只要有浓郁的染浴，再让织物在染浴中浸泡足够的时间，这些朴实的染料就能真正地大放异彩。

可以从当地杂货店的洋葱箱里收集黄色洋葱皮，杂货商通常很乐意把脱落的洋葱皮送给你。农场、农贸市场和餐馆也是收集大量洋葱皮的好地方。

黄色洋葱皮可染出饱满的黄色调，可以通过使用简单的媒染剂和调整 pH 值，染出深浅不一的颜色。这个项目是染色与绘画的结合，通过使用媒染剂和改性瓜尔胶，创作出超饱和与分层的绘画色彩效果——制作一幅由植物染料洋葱皮绘制而成的罗斯科风油画。我选择用丝麻织物作画布。丝绸有助于实现金色的饱和度和光泽度，而大麻纤维既强韧又抗紫外线，可以确保画布不会褪色。

## 罗斯科风油画

2 码长、54 英寸宽丝麻织物

1 汤匙硫酸铝粉（约 2 磅）

4 汤匙瓜尔胶粉

1 茶匙铁粉

2 磅黄色洋葱皮（洋葱皮越多，颜色的饱和度越高）

中性肥皂

### 设备

耐热防水手套

防尘面罩

大号不锈钢带盖锅

2 个小号不锈钢碗或梅森罐，用来混合瓜尔胶粉

棉帆布苫布

T 形别针，用来伸展织物

2 个大号家用绘画刷子

不锈钢过滤器

足够长的重型木条，用来制作画框和横梁

钉枪

喷雾瓶

锤子（可选）

彻底清洗丝麻织物，待其完全干燥后使用。

戴上防尘面罩，制作 1 杯明矾媒染膏和 1 杯铁媒染膏，将其放置在一旁待用。

将洗净的丝麻织物准备好，确保它在使用媒染膏之前完全干燥。

将洋葱皮放入一个盛有 2/3 水的大号不锈钢锅里，将其煮沸，然后继续煨 40 ~ 60 分钟。将火调小，让洋葱皮在染浴中浸泡一夜。

将干净的棉帆布苫布平铺在平整的表面上。将丝麻织物展开，用 T 形别针将其固定在苫布上，使其在涂抹明矾和铁媒染膏的时候不易移动。

用准备好的明矾和铁媒染膏在丝麻织物中心涂抹出两个大正方形，一个用明矾媒染膏，一个用铁媒染膏。可以像我一样用一块大木块比着画，也可以直接画，这样更有手绘的感觉。因为明矾媒染膏在画布上是透明的，所以当它干燥后你看不见痕迹，因此在画的过程中要小心，不同的媒染膏要使用不同的刷子，且只能在指定的区域涂抹一种媒染膏。使丝麻织物保持平铺的状态，待其上的媒染膏完全干透。

当织物完全干燥后，将染浴中的洋葱皮滤出，然后将染浴重新加热。

将织物从苫布上取下，放入染浴中，至少煨 40 分钟。

然后关火，让织物浸泡一会儿。浸泡的时间越长，染出的颜色越深。

当达到你想要的色调时，用中性肥皂轻轻清洗织物，然后将其悬挂晾干，同时避免阳光直射。

## 把织物固定在画框上

画框一般都是用木条制成的，可以将棉或亚麻的画布平整地固定在上面。这些木条可以很容易地在当地的画材商店买到。木条上面有凹槽，可以彼此嵌合。对于这幅比较大的画作，我们需要购买重型画框条，而且同时还需要购买一根横梁，以提供额外的支撑，这样画布才不会扭曲变形。

将四根画框条彼此紧密地嵌合起来。

把画框放在画布上，在画框外围留出几英寸画布，在外围画布上剪出一个整齐的切口，然后将画布撕开，这样会达到比剪切更整齐的效果。

在开始装订之前，花一分钟的时间来尽可能地展平画布。确保画布的纹理线与画框的边平行。

从最长的一条边开始，将织物边缘翻卷，盖住画框，然后用钉枪在中间位置固定。在对边进行重复的操作。在这个过程中，要时刻保持画布拉直、展开的状态。

拿一个装满清水的喷雾瓶向画布的背面喷水，这将使画布在干燥的过程中进一步缩水，以达到更紧绷的状态。

将画框旋转至短边，用同样的方法将画布钉好。在这个过程中，不断地将画布拉直、绷紧。

将画框四角的松散部分折叠，并在背面钉好。

检查画框的各边有无需要补钉子的地方，确保所有的钉子都牢牢钉在木框上，你甚至可以使用锤子来固定画布。因为此项目中的画布较大，可能还需要额外的横梁固定在画框的背面，以尽量确保画框挂在墙上的时候是方形的。横梁的长度应该与木条的长度一致，买的时候可以购买相匹配的横梁。

当钉好画框后，往后站一点，就可以欣赏这幅罗斯科风格的杰作了。

WOOL AND WIRE BASKETS

## 黑豆羊毛铁丝筐

豆子是一年生草本植物，除南极洲大陆以外，它几乎生长在每个大洲。把浸泡一夜后的黑豆沥干，你就可以用这种浓郁的黑色植物染料来为一些美丽的羊毛染色了。

浸泡黑豆后的水是一种神奇的天然色，色调可从深蓝色到水鸭绿，再到钢铁灰色、粉色和紫色。颜色不同，所使用的媒染剂和改性剂 pH 值也不同。在这个项目中，我将染好的羊毛缠绕在铁丝筐上，将它做成一个简单的编织篮。做成的漂亮篮子，可以用来盛装所有的植物染色纺织品。

另外，我发现用小扁豆取代黑豆，染色效果也很好。

# 羊毛铁丝筐

2 磅羊毛粗纱

2½ 汤匙硫酸铝粉

2½ 汤匙塔塔粉（可选）

2 杯浸泡黑豆后的水

¾ 茶匙铁粉

1 茶匙苏打灰

中性肥皂

2个不同尺寸的不锈钢金属丝网筐（例如，我使用的一个是 20 英寸 ×16 英寸 ×20 英寸的，另一个是 12 英寸 ×11 英寸 ×10 英寸的）

## 设备

耐热防水手套

大号不锈钢带盖锅

重要说明：必须在温度逐渐升高和逐渐下降的情况下对羊毛粗纱进行染色，避免羊毛粗纱发生消光和毡缩现象。

准备好干净的、经过预先清洗的羊毛粗纱（确保你买的是经过预先清洗的粗纱）。用硫酸铝粉和塔塔粉（可选），对 1 磅羊毛粗纱进行预先媒染。

把黑豆水倒入一个大号不锈钢锅里，使水没过锅的 2/3 即可。

将羊毛粗纱放入染浴，逐渐升高温度，并煨 20 ~ 40 分钟。然后熄火，让羊毛粗纱浸泡在染浴中，直至其冷却至室温，甚至可以将其浸泡一整夜。

将羊毛粗纱取出，摊开晾干，同时避免阳光直射。

把铁粉加入一壶温水中，制成染后媒染剂。将染好的羊毛粗纱分成三份。将其中的一份加入媒染剂。羊毛粗纱的颜色会变成更深的蓝色或紫色。

把苏打灰加入一壶温水中，制成媒染剂。将另一份羊毛粗纱加入其中。这份羊毛粗纱的颜色会变成深蓝绿色。

用温水和中性肥皂清洗羊毛粗纱，不要拧或搅动粗纱，因为这样会使粗纱发生毡缩现象。让羊毛粗纱自然晾干，避免阳光直射。

当羊毛粗纱完全干燥后，由下至上将三种染色后的羊毛粗纱编织到篮筐上，使篮筐呈现渐变的颜色。将未经染色的白色羊毛粗纱编织在篮筐的边缘，以形成颜色的对比。

HOPI BLACK

# sunflower seed

WOOL RUG

## 霍皮黑葵花籽羊毛地毯

霍皮黑向日葵是一种当地的向日葵品种，很容易就可以在你自己的染料花园里种植。向日葵很容易吸引传粉者。作为一种早秋花束，它的花朵十分美丽。其植株的所有部分均可用作染料，但能染出紫红色、深紫色、蓝色和黑色等多种深浅不同颜色的，则是葵花籽。在夏末和初秋，可以收获葵花籽，然后将其保存起来留作全年染色使用，或将其作为来年春天播种的种子。可以使用新鲜的葵花籽制作染浴，也可以使用干燥的葵花籽制作染浴。

如果打算种植这种向日葵用于染色，须确保至少在想要的收获期前三个月种植。

用霍皮黑葵花籽可染出饱满的宝石色调，可以通过使用媒染剂和改性剂，改变pH值，染出深浅不一的颜色。在这个项目中，我选用了一块4英尺 ×6英尺的羊毛地毯，让其染上尽可能深的颜色。在开始染色之前，需要浸泡和清洗地毯，以去污。

毫无疑问，需要使用现有的最大的锅进行这个项目。我工作室里最大的锅大约是180夸脱。当然，你也可以选择一块小一点的毛毯，或者在小一些的锅里进行蘸染。

你还可以在小一点的锅里蘸染毛毯的边缘，以完成许多美丽的设计。或者，你可以制作一份黑葵花籽的浓缩染液，然后将其倒入一个镀锌的钢桶或不会发生反应的塑料桶中，让毛毯浸泡在冷却的染浴里。因为是在不加热的状态下进行染色，所染出的颜色的饱和度没那么高，但颜色仍然很美丽。

# 羊毛地毯

羊毛地毯，4 英尺 ×6 英尺（约 22 磅）

中性肥皂

3½ 杯硫酸铝粉

3½ 杯塔塔粉（可选）

从 3 ～ 5 株大型的霍皮黑向日葵（直径为 10 ～ 12 英尺）上采下的种子

## 设备

耐热防水手套

花园软管

特大号不锈钢带盖锅（80 ～ 180 夸脱）

低矮的室外炉子

防尘面罩

5 加仑的桶

大苫布

过滤器

宽大的平面操作台，悬挂和干燥用的重型粗栏杆

超大、超强力搅拌器（重型长木棒会很好用！）

使用花园软管，用中性肥皂清洗地毯，去除多余的污垢。

把染锅放在一个低矮的室外炉子上。在锅中注入 2/3 的水，使水没过地毯（至少是部分没过）。

戴上防尘面罩，加入硫酸铝粉和塔塔粉（可选），搅拌直至其完全溶解。将羊毛地毯折叠放入染浴中，并加入媒染剂。关火，让地毯浸泡一整夜。

戴上手套，将地毯取出。将媒染剂混合物处理掉或将其保留用于其他项目的染色（将媒染剂的混合物舀到水桶内）。将地毯悬挂起来或者平铺在苫布上晾干，同时开始准备染浴。

在锅里注入 2/3 的水。加入葵花籽，煮至沸腾。将葵花籽煨 40 ～ 60 分钟，然后关火。将葵花籽在锅中浸泡一夜，以使染浴的颜色更深，同时也让染浴在放入羊毛地毯前冷却。

用过滤器舀出葵花籽。染浴中残留一些葵花籽也无妨，因为后续清理起来也非常容易。

把地毯放到染锅中。可能无法将整块地毯全部放进锅里，你可以选择将顶部的一部分留白，待后续进行进一步的沾染。煨 40 ～ 60 分钟。

关火，让地毯在染浴中浸泡一夜，并慢慢降至室温。

用中性肥皂在与染浴的最后温度相近的水中清洗地毯，以避免刺激到纤维。

把地毯搭在牢固的栏杆上，或者平铺在铺有苫布的宽大且稳固的平面操作台上滴干，避免阳光直射。

# 柿子的自然色彩

柿树原产于日本、中国、缅甸和印度北部。这是一种落叶乔木，叶子阔而密，果实纤维丰富，味道甘涩。果实在完全成熟以前含有大量的丹宁，成熟后才会变软、变甜。初秋时节的青柿子是最涩的，其丹宁含量也是最多的。心形的八月红是最常见的涩柿品种，它是常见的 200 种柿子品种之一，而史上有过文字记载的柿子品种则达 1000 多种。

未成熟的青绿柿子的发酵果汁，在中国、韩国和日本的许多地方，都曾被用作传统纺织品及服装的染料。它除了可以染出美丽的颜色，还被当作纺织品的防水剂、木材和纤维的驱虫剂和抗菌剂使用。这种染料还具有很好的抗紫外线和防雨功能，因此也十分适合在室外使用，特别适用于制作传统的工作服。另外，由于其丹宁含量很高，不论是青柿子还是熟柿子，都有被用作媒染剂的悠久历史。

日语单词 Kakishibu 由“Kaki”（柿子）和“Shibu”（丹宁）两个单词构成。由不可食用的野生青柿子发酵而成的染料，通常是最好的柿子染料。Shibu 经常还被等同于另一个日语单词 wabi-sabi（意为残缺之美）。尽管很难将其意思精准地翻译出来，但它经常用来指代那些不言而喻的、不完美的、不协调的美感。

当汁液从未成熟的、青涩的柿子中被提取出时，丹宁分子彼此连接并形成膜状，这个时候染料就形成了。制作柿子染料是从无到有的艺术，需要极大的耐心，因为提取出的果汁在使用前必须至少经过一年的熟化。不过，如果你不想自己制作的话，也可以购买（从专门的供应商处，甚至有时在亚洲市场也能买到）现成的、可以立即使用的染料。

柿子含有大量的丹宁酸，能够很好地与纤维类材料结合，因此非常适合为植物纤维织物染色。这是一个十分有趣的过程，因为这种染料不仅在阳光照射下不会褪色，相反，它实际上还需要阳光来使颜色达到更深、更饱和的效果。这也是一项美妙的秋季活动，在白天逐渐变短前，充分利用阳光，为自己制作一件全天候防护服，保护你不受雨水、寒冷的侵袭。

最简单的制作柿子染料的方法就是将柿子碾碎，挤压它的果肉，然后将黏稠的、富含丹宁的果汁直接涂抹在你想染色的材料上。经过发酵的液体会深深地渗入被染色的材料中，或者在阳光下晾晒几个小时后，也会结块脱落。在纤维织物上涂上柿子果汁后，只需将其放在阳光直射的地方，等到其变成金黄色即可。你可以先将想要染色的织物挂好或平铺在地面上。你需要让它尽可能多地吸收紫外线，让它尽可能地受热，以获得想要的颜色。

柿子染料适合用来为植物纤维织物和丝绸织物染色，因为它的作用方式是在织物表面形成一层膜，而不是对织物进行染色。可以使用冷水制作染浴，无须加热。因为柿子染料是一种涂层，所以其颜色不仅会受到纤维种类的影响，还会受到织物结构的影响。不同类型的织物和编织结构，可能会得到几种不同的颜色。使用柿子染料染色，比使用其他染料更简单，因为在室温状态下就可以进行蘸染和涂画，无须额外加热。使用柿子染料还不会产生废水，当柿子染浴用干，染料也就用光了，因此你可以将柿子染料使用到最后一滴。

DYEING WITH

# persimmon

## 柿子染色

你可以在初秋时节收获青柿子。请注意，重要的是要在采摘柿子的第一天就碾碎柿子。我建议至少采摘 20 枚青柿子，让漫长的制作周期（一周的发酵和一年的熟化）值得等待。这样，一次就可以制作大量的染料，供你随时使用。

20 枚青柿子
待染色的织物

**设备**

耐热防水手套
研钵及研杵
粗滤布
陶瓷发酵容器
不锈钢碗

用一个大号的研钵和研杵将柿子碾碎，再用棉布进行挤压，以尽可能多地产生果汁。

将被压碎的柿子及其汁液放入容器中，加水，盖上盖子，发酵一周的时间。

使用粗滤布将发酵好的果汁过滤出来。

将滤出的果汁放在一个大的发酵容器里。至少让其熟化一年，直到果汁的颜色从绿色变为深红棕色。

在柿子汁熟化好后，将其放入一个不锈钢碗中。染色的时候，用两份水稀释一份柿子汁。如果需要印花或绘画，则需要使用未经稀释的果汁。

将稀释好的柿子染料染在织物上，根据你的设计重复这个过程。

在阳光下放置一天后，织物将变成粉色；经过 5 ~ 7 天的日晒后，织物的颜色会变成深焦橙色。

TABLECLOTH AND
NAPKINS

## 迷迭香桌布与餐巾

迷迭香是一种多年生芳香常绿草本植物，叶子如针状，开白色、粉色、紫色和蓝色的花，原产于地中海地区。迷迭香是一种非常可爱的植物，它芳香四溢、味道奇特、耐旱且易于种植。作为染料，它也能染出华丽的色调，从水鸭绿到深灰色，再到绿色。

在古代传说中，迷迭香是一种有助于记忆的植物。历史上，它曾被当作人们思念爱人的信物，也被用于特殊场合及愉快的聚会，如中世纪时期的婚礼，它甚至被认为具有爱情的魔力。这些原因让它变得如此美丽。这次，我们将用它来装扮节日聚会的餐桌。

# 桌布与餐巾

4½码长、54 英寸宽亚麻布

（约 1 磅）

1 磅新鲜的迷迭香枝、叶和茎，切碎或掰成碎片

2 茶匙铁粉

中性肥皂

## 设备

耐热防水手套

防尘面罩

大号不锈钢带盖锅

过滤器

彻底清洗亚麻布，并将亚麻布浸泡在水中，使其保持湿润直到开始染色。

将迷迭香放入一个盛有 2/3 水的大号不锈钢锅中，水要没过亚麻布。

先煮沸，然后小火煨 40 分钟，直到达到想要的颜色为止。

将迷迭香滤出，用过的迷迭香可以废弃，也可以保留下来下次使用。

戴上防尘面罩，将铁粉加入染浴中，搅拌均匀。

将浸泡好的亚麻布放入染浴中，继续小火煨 20 ~ 40 分钟。

先让亚麻布冷却，然后使用中性肥皂清洗。将亚麻布悬挂或平铺晾干，避免阳光直射。干燥后，将亚麻布裁剪成 3 码长 ×54 英尺宽的桌布，将剩下的 1½ 码的亚麻布裁成 6 块同样大小的餐巾。

PAINTING AND PRINTING WITH

# black walnut

## 黑胡桃染色与印花

黑胡桃树是一种常见落叶树，在美国东部城市的路边和西部一些欠发达地区十分常见。黑胡桃树原产于美国，16 世纪时被引入欧洲。黑胡桃树的所有部分都有用途，树干是上好的木材；果肉味美且营养价值高；果壳常被用作中性磨料及化妆品，甚至是净水材料；果实青皮不仅具有药用价值，同时还是已知的最黑、最耐光和耐洗的染料。胡桃青皮一般可在早秋或中秋时节，胡桃果实开始从树上掉落时收集。

黑胡桃不需要媒染剂就可以染出深浅不一的焦糖色、深棕色和黑色色调。黑胡桃含有丹宁，可以自然地将色素与棉、麻等植物纤维结合起来。使用胡桃染色时一定要戴上手套，这种染料的染色力度太强，一旦沾到手上，可能两周内都洗不掉。

当从黑胡桃青皮中提取出的染料经煎煮变成糖浆，且添加了像瓜尔胶这样的食物增稠剂后，深黑的墨糊就制成了。这种墨糊用在棉布和亚麻布上效果特别好，不会发生化学反应，并且耐洗，对于家庭或餐桌来说，是一种完美的、耐用的植物染料。

注意：如果你对胡桃过敏，或者你的家人对胡桃过敏，那就不要使用这个配方了。虽然栎五倍子染出的颜色多为蓝色、紫色和黑色的色调，但它也能制出美丽的墨色染料和墨糊。

# 黑胡桃染色与印花

4 ~ 8 枚新鲜胡桃的青皮（胡桃青皮越多，染出的颜色越浓）

2 汤匙瓜尔胶粉

用迷迭香和铁媒染剂染过色的 1½ 码织物

中性肥皂

## 设备

耐热防水手套

小号不锈钢带盖锅

橡胶手套

过滤器

玻璃罐或酸奶瓶

专用染料搅拌机

大块帆布苫布

宽大且光滑的平面操作台

T 形别针

模板印花材料

蒸汽熨斗

想要得到深棕色和墨黑色的效果，需要将胡桃青皮剥下，然后将其切成小块。

在小号不锈钢锅里注入 1/4 的水，用小火煮胡桃青皮，使之浓缩，直至变成糖浆状。这个过程至少需要 1 小时。

使用过滤器将胡桃青皮舀出，不要留有残渣，你将得到大约 3 杯墨水一样的染料。可以将不用的染料放到玻璃罐或酸奶罐中，做好标记，盖好盖，放入冰箱中储存起来。

将仍然很热（但不沸腾）的胡桃墨水倒入专用的染料搅拌机中。

加入瓜尔胶粉，一次加入 1/3 的量，每次添加后都要搅拌，确保染料黏稠、均匀。这时，深色的印花油墨就做好了。你可以用它进行模板印花和绘画。

在光滑、稳固的平面操作台上，将干燥的迷迭香染色织物放到一块帆布苫布上。将织物的边缘用 T 形别针与苫布固定，保持织物表面平整、紧绷。

按照 192 页的说明，制作简单的模板，印出重复的图案。当完成织物的印花后，让墨水完全干燥。

在织物上覆盖一块干净的棉帆布或苫布作为保护层，然后用蒸汽熨斗将印花图案进一步固定在织物上。

现在你可以清洗这块印好的织物了。使用中性肥皂清洗织物，将其挂在绳子上晾干，注意避免阳光直射。晾干后将织物裁成 27 英寸 ×18 英寸的长方形即可。

# madder root

SCARF

## 茜草根围巾

茜草是古老的主要染色植物之一，其鲜艳、朴实、温暖的色调，以及其罕见的能染出富丽、明朗的植物红色的能力，使其他植物难以与之匹敌。普通的茜草可以长到 5 英尺高。它的根是染料的主要来源，最长可以长到超过 3 英尺长。我在我的染料花园中种植了茜草，也与学生在我们位于奥克兰的社区花园里种了一些。用种子就可以轻松地种植茜草。我建议将它们种在深口型种植箱或花园的指定区域里，因为它们的根系会深入土壤并向周围蔓延，且茜草会伸出许多藤蔓，这些藤蔓生长迅速，会对相邻的植物产生威胁。种植茜草是一项需要耐心的锻炼；2 ~ 4 年后，当茜草根成熟时，把它们从泥土中挖出来，带给你的将是纯粹的喜悦。

茜草根能染出深浅不一的红色、橙色和粉红色。所染出的颜色主要取决于所用水的 pH 值、所使用的媒染剂和处理的时间。还可以使用茜草根染浴得到更浅的红色、珊瑚色和粉色。

在一年中的任何时候，使用茜草根染色都会取得令人满意的效果，但由其染出橙色和深红色则特别适合在秋季进行。对于衣橱里所有厚重的羊毛材质的衣物来说，它都是完美的染色选择，让我们一起为寒冷的冬季带来一些温暖吧！

从成熟的植株（至少 2 ~ 4 年的植株）上挖出整个根，得到的就是新鲜的茜草根。将其浸泡并轻轻地刷去所有的泥土。在等待自己种植的茜草成熟的时候，你还可以从专业的染料供应商那里买到干燥的茜草根来进行你的染色试验。

世界上有许多美丽的服饰都是用茜草根染色的。使用这种从泥土中得到的温暖颜色来让自己保持温暖，是一种向古代艺术的践行者学习并致敬的很好的方式，即使用传统颜色对传统织物进行染色。

# 围巾

梭织羊毛围巾，22 英寸 ×90 英寸（约 8 盎司）

3 茶匙硫酸铝粉

3 茶匙塔塔粉（可选）

8 盎司茜草根，切成 ½ 英寸的小块，浸泡一夜

中性肥皂

## 设备

耐热防水手套

研钵和研杵或专用染料搅拌机

中号不锈钢带盖锅

彻底清洗羊毛围巾。使用硫酸铝粉和塔塔粉（可选）进行预先媒染。

用研钵和研杵或专用搅拌机研磨茜草根。

在盛有 2/3 水的中号不锈钢锅中放入茜草根，加热至沸腾，然后煨 40 分钟。关火，让染料浸泡一会，如果想得到更深的颜色，最好让染料静置一夜。

将染浴稍微加热，然后加入湿的围巾，缓慢加热染浴。小火煨 40 ~ 60 分钟，然后关火，让围巾在染浴中浸泡一夜。

使用中性肥皂，在与染浴的最后温度相近的水中清洗围巾，以免对纤维产生刺激。不要拧围巾，将围巾悬挂或平铺晾干，避免阳光直射。在染色的过程中，尽管我们会采取一些预防措施，但围巾通常还是会有一些缩水。

# 药用植物染色的艺术

随着我对植物世界中植物染料更深入的了解，我也对它们的药用特性产生了兴趣，这也是将植物染料与合成染料区分开来的另一个特点。

药用植物染色艺术之所以产生，是因为任何与你的皮肤（人类面积最大、最多孔的器官）直接接触的东西，在之后很长时间里，都可能被皮肤吸收并影响你的健康（许多药品正是利用这一点，通过黏合贴剂将药物成分作用至患处）。想象你的毛孔就是几百万张小嘴巴。我们知道，有毒的化学物质可以通过毛孔被人体吸收，特别是当毛孔张开、与汗液混合时。因此，使用健康的成分，如具有舒缓作用的洋甘菊、能提供能量的肉桂、抗炎且能促进身体循环的姜黄，来为贴身衣服染色，对身体的生理机能可以起到正面的促进作用。

当清洗合成染色的黑色衬衫的时候，你会看到脱落的黑色染料混在洗衣废水中流进了下水道，这些染料不仅会进入我们的水循环系统中，还有一部分会被你的毛孔吸收。

使用从金盏花、芦荟叶、青柿子中提取的染料给织物染色，也会出现掉色现象，但植物中的有益成分也有可能被皮肤吸收。给你最常穿的衣物染色，比如内衣，也是一种将药用植物染料融入最贴近皮肤的织物中的最好方式。

许多常见的染料植物，也具有可起到药用作用的强烈的生化特性。例如马蓝，它不仅能产生最深的蓝色染料——天然靛蓝，而且还是强效的药草。在中国传统医学中，马蓝被用作止痛药，用来净化肝脏和血液。它也被用于治疗抑郁症和呼吸道疾病，有时还被制成糊状，用于缓解溃疡和痔疮，由其制成的膏药也是著名的缓解疼痛的抗蛇毒药物。由马蓝提炼的天然靛蓝染料除了有抵御蛇和蚊子的作用，还具有高效的抗炎作用，可促进伤口愈合。许多个世纪以前，日本武士穿着靛蓝染制的服装，这让他们能带伤继续行军，并保护他们免受感染。日本的消防队员也会穿着靛蓝染制的制服来保护他们免受灼伤。在日本，直到今天，人们还会将靛蓝毯子送给婴儿，相信这种染料会保护孩子们不得病。

当我们享用不同季节的水果和蔬菜，并用它们的副产品染出美丽的颜色时，药用植物染色可以促进健康，增强免疫力。例如，柑橘果皮（可以染出美丽的黄色、金色和淡绿色）可以作为优良的冬季染料，同时还可以帮助我们补充大量的维生素 C。石榴汁是一种强大的抗氧化剂；石榴皮不仅能染出美丽的颜色，还是一种天然媒染剂（更多有关植物性媒染剂的信息，参见 170 页）。

药用植物园里的许多常见药用植物也都是主要的染料植物。药用染料也能很容易地从当地的药剂师处得到。所有的植物都值得我们付出努力，以便更充分地了解它们，因为它们固有的药用特性经常能给人带来惊喜。

## 部分常见药用植物及其染出的颜色

**芦荟** 可染出黄色、粉红色和珊瑚色。芦荟已有几个世纪的种植历史，这种多肉质的植物在世界各地都能找到。芦荟的新鲜凝胶可以直接用于小伤口和烧伤，有愈合伤口和舒缓皮肤的作用。芦荟叶是一种天然的防晒霜，可以阻挡 20% ~ 30% 的紫外线，而且它的 pH 值也与皮肤相近。作为染料植物，通过调整染浴的 pH 值，芦荟能染出一系列美丽的夕阳系色调。

**金盏花** 可染出黄色、浅绿色和灰色。金盏花可以局部使用，也可以内服。局部使用时，它可以抵御感染，它是一般乳霜、药膏和软膏的常见成分，可以起到舒缓挫伤、疮、皮肤溃疡，治疗感染和皮疹的作用。这也是一种常见的用于治疗婴儿皮疹的药物，因为它质地温和，敏感的皮肤也能使用。

**紫草** 可染出淡绿色、深灰色和灰色。紫草，常被称作“生骨剂”，被制成膏剂作用于皮肤，可用于治疗骨折、挫伤、扭伤和风湿病。它的属名“*Symphytum*”来源于拉丁文“*symphyo*”，意为“接合”，这再一次证明了紫草在古代被用作愈合草药的事实。

**染料洋甘菊** 可染出金黄色和绿色。染料洋甘菊是一种优质的色彩明亮的染料，尽管它不像其他品种的洋甘菊那样，常被作为具有舒缓作用的药用茶饮，但它可以作用于局部皮肤，缓解蚊虫叮咬和其他皮肤过敏症状。

**薰衣草** 可染出黄色、灰色和青色。薰衣草以其镇静效果而闻名，是世界上最受欢迎的香料之一。薰衣草精油既是防腐剂，又是消毒剂。薰衣草既能用作美丽的药用染料，也能当作天然驱虫剂使用。因此，使用薰衣草对羊毛和丝绸进行染色，也有助于防止蛾害。历史上，人们使用薰衣草洗手，洗涤亚麻布，甚至还用薰衣草覆盖地板。

**金丝桃** 可染出黄色、绿色、粉红色和红色。金丝桃对治疗轻度抑郁症、缓解焦虑和压力非常有效。将金丝桃的花浸泡在油中，可用于缓解皮肤炎症，促进伤口愈合。特别是在盛花期时采下的花朵，能染出一种深红如血的颜色。根据染浴的准备方法、用于染色的纤维织物，以及所使用的改性剂和媒染剂，金丝桃可以染出黄色、绿色、红色和粉红色等几乎全色谱的颜色。

**刺荨麻** 可染出浅绿色、深绿色。野生刺荨麻非常有名，它具有可食用性，具有较高的营养价值（烹饪后其刺就会消失）和药用价值，可以被制成染料和像亚麻纤维一样强韧、美丽的纤维。它可用来制作草药啤酒，也可被当作收敛剂、利尿剂和奎宁水。当将其新鲜汁液直接涂抹在头皮上时，还可以起到促进头发生长的作用。

**姜黄** 可染出亮黄色、深绿色。和生姜一样，姜黄同样原产于印度和部分东南亚地区。在其原产地，几个世纪以来，它一直被大量用作药用香料和药用染料，直到近年，姜黄强大的愈合特性才为世界其他地方的人们所知晓。姜黄被认为是含抗氧化剂最丰富、有消炎作用、可以增强免疫力的药草之一。

**蓍草** 可染出黄色、青铜色、绿色和灰色。蓍草是一种具有消炎作用的植物，具有强大的收敛和疗伤效果，常被用来治疗瘀伤和扭伤。蓍草能促进血液循环，蓍草膏也有助于减少流血量。纳瓦霍人认为它是一种“生命之药”。他们通过咀嚼蓍草来治疗牙痛，还将蓍草汁注入耳朵治疗耳痛。加利福尼亚的米沃克人将它作为镇痛剂，用它来治疗头痛伤风。

## 结交草药师朋友

使用药性强的植物染色时，无论是有意识地将其作为药物来使用，还是无意识地在染色过程中使用了带有药性的植物，一件很重要的事情就是要知道健康的剂量是多少。在剂量较大的时候，一些本来无毒的植物也会变得有害。每个人对植物的反应不同，因此在大规模使用前一定要先进行小规模的试验；染色时要戴上手套以防止过敏；在有对流通风的地方工作，最好是在户外；如果从野外采集植物，一定要确保正确识别植物。毒芹看起来和野胡萝卜很像，这是一个没有人想要犯的错误，特别是仅仅为了给一件衣服染色。知识是保持你的染色实践健康和安全的关键，即使是在使用药用植物时。

请经验丰富的草药师（或植物学家）来帮助你识别那些具有药用价值的染料植物，并了解它们发挥治疗作用的方式，这些对掌握植物染色的技能是非常重要的。当许多药用植物染色的古方或被遗失，或被小心珍藏之时，我们努力将药用植物染色这一传统实践发扬光大，与喜爱并从事植物染色的人们分享这些配方，并合作研发新配方，提高我们的知识水平，促进社会发展，是一件具有重要意义的事。

冬

# 冬日色彩

石榴皮 · 红球甘蓝 · 蓝叶云杉 · 红木球果 · 枫香树叶 · 柑橘皮

冬季是将目光放到地窖里的根菜、壁炉里的温暖火光，还有在灰暗的日子里依旧色彩明丽的常青树的季节。为了捕捉冬季的颜色，可以使用柴炉或壁炉中的废弃物来改变植物染料的碱度和深度。使用从壁炉里扫出的碎木料，可以染出黑色和浓淡不一的焦棕色，而灰烬则可被用来改变染浴的 pH 值，以染出更靓丽或更深的颜色。

冬季是一个庆祝从播种到收获整个周期完成的季节，也是一个宣示着新的开始的季节。寒冷的冬季也是一个实践“将自然元素融入室内”的室内装饰哲学的大好时机，你可以在室内装饰中大胆地使用自然色彩，甚至可以尝试用染料或水彩颜料直接刷墙。这是一个给予的季节，而使用对于给予者和接受者都富有意义的材料来染色是再好不过的起点。那些生活在多雪气候中的人们可以将雪放在染锅中融化，将其作为丰富的软水来源，雪水中不含烈性的化学成分和硬质矿物质，不会对染浴中的化学元素产生影响。

许多节日性和季节性食物的副产品都可以染出华丽的色调，从而实现食物的再利用。如果制作节日鸡尾酒时需要用到石榴籽，那么你就可以用石榴皮染出金黄色和黄绿色，而用它来给假日家纺染色是最好不过的了。冬季，柑橘类水果的甜度会达到峰值，用它们的果皮可以染出美丽的金色和柔和的绿色。

松树、冷杉、云杉和红木的球果都能染出淡紫色、深红色、黑色和灰色。常用作节日装饰的冬季常绿树，如杜松、云杉、香脂和红木的树枝，也可以染出华丽的色调。甚至可以用 12 月的花环来为新年礼服染色，穿着染有自然色彩的衣服来迎接新的一年。

# 冬季染色植物

云杉球果

蓝叶云杉

柑橘皮
松果

# pomegranate rind

COCKTAIL NAPKINS

## 石榴皮鸡尾酒餐巾

我喜爱植物染料的一个原因，是其来源往往令人惊讶不已。例如，人们可能会认为石榴籽可用作染料，但实际上真正可用作染料的是石榴皮，石榴皮中含有丰富的丹宁，千百年来，它一直被用作染料和媒染剂。在我看来，这只是大自然馈赠的另一种方式，你可以享受石榴果实，还可以用剩下的果皮染出华丽的颜色。

石榴树是一种结果的落叶灌木。它的果实在深秋和初冬成熟。石榴树原产于伊朗和土耳其东北部，并在整个中东、东南亚和地中海地区被栽培了几千年。即使在干燥气候的加利福尼亚和美国其他西南地区，石榴树也能茁壮成长。在许多国家，包括伊朗、中国和印度的文化中，石榴一直被认为是生育的象征。对于任何庆祝性的聚会，石榴都是一种既美丽又色彩艳丽的水果。

在没有媒染剂的情况下，石榴皮也能染出金黄色，如果使用明矾作为媒染剂，则能染出更明亮的色调。加入铁粉，还能使颜色变得偏赭石色、绿色，甚至是黑色。如果使用新鲜的石榴，你不仅能享受到用石榴籽制作的鸡尾酒，还能使用剩下的石榴皮来制作鸡尾酒餐巾。

## 餐巾

16 张棉布鸡尾酒餐巾，

8 英寸 ×8 英寸（约 4 盎司）

1~3 个大石榴的果皮，将其洗净并切成 1/2 英寸的小块

1 茶匙瓜尔胶粉

1 茶匙硫酸铝粉

### 设备

隔热防水手套

中号不锈钢带盖锅

过滤器

粗棉布

不锈钢碗

专用染料搅拌机

一端带有圆形橡皮的铅笔（用于印花）

蒸汽熨斗

棉帆布

仔细清洗棉布鸡尾酒餐巾。

把切碎的石榴皮放入中号不锈钢锅中，注入 1/3 的水，制成浓稠的染液。煨 1 小时，然后关火，让其静置一会。如果想要更深、更艳丽的颜色，还可以将染料浸泡一夜。

用过滤器将石榴皮舀出，你可以把这些石榴皮留下，方便日后再制作染料时使用。使用棉布，将冷却的液体过滤到不锈钢碗中。然后将液体再次倒回染锅中，用小火缓慢加热。

将火关掉，稍微冷却一下，然后取一杯尚热的染液，将其倒入染色专用的搅拌器里（如果有剩余的染液，你可以将它保存起来，以备下次使用，或用它来蘸染其他宴会织物）。趁染液还热的时候，分三次加入瓜尔胶粉和硫酸铝粉。每次加入后都要搅拌均匀，以避免结块，确保制成的膏状物尽可能平滑。

当染膏准备好并冷却到室温后，戴上手套，用铅笔一端的圆形橡皮蘸取染膏，在餐巾上印出随机的圆圈。待染膏完全干燥。在印花表面覆盖一块棉帆布，轻轻地用蒸汽熨斗熨烫印花。

有关模板印花，参见 192 页。

你可以马上就开始使用你的餐巾。需要清洗的时候，可以使用中性肥皂轻柔地洗涤，然后晾干，避免阳光直射。

## 红球甘蓝婴儿帽与婴儿手套

红球甘蓝是我爱上的第一批植物染料之一。这种看似平凡的蔬菜，却能染出一系列华丽的色彩，我的曾祖父母经常用它染色或给家里用旧的织物翻新。甘蓝是一种易于种植的、具有药用价值的健康作物。我很喜欢用它来给儿童用品染色。它的出现为植物染料增添了华丽的一笔。甘蓝也十分容易变色，这取决于种植土壤的 pH 值、用来制作染浴的水，以及是否添加了酸性或碱性物质。红球甘蓝可以用保存下来的种子种植，如果你想自己种植的话。

红色和紫色甘蓝可以在柔软的美利奴羊毛和安哥拉兔毛织物上染出美丽的薰衣草色、蓝色和浅绿色，因此它是给婴儿的冬帽和手套染色的一种理想的染料。在这个项目中，你不仅会用到传统的针织技巧，还能用由原生植物制作的植物染料来翻新宝宝的衣物。此外，因为甘蓝染料很容易改变颜色，所以，只需简单地改变颜色和花纹，就可以为不同的宝宝准备不同的礼物，为每一位家庭新成员增添新的创意和特别的色调。

# 婴儿帽与婴儿手套

安哥拉兔毛婴儿帽和婴儿手套（约 4 盎司）

中性的肥皂

1½ 茶匙硫酸铝粉

1½ 茶匙塔塔粉（可选）

¼ 个红球甘蓝，切成 1 ~ 2 英寸的大块

¼ 茶匙白醋（可选）

¼ 茶匙小苏打（可选）

## 设备

隔热防水手套

小号不锈钢带盖锅

过滤器

用中性肥皂轻轻洗涤帽子和手套。用硫酸铝粉和塔塔粉（可选）进行预先媒染。

将红球甘蓝放入小号不锈钢锅中，将水煮沸并保持文火状态。小火煨 40 分钟，或直到甘蓝开始失去原本的颜色，液体开始变成紫色或蓝色。

用过滤器将甘蓝舀出，煮烂的甘蓝可以用做堆肥材料。

将帽子和手套放入锅中，并煨至少 40 分钟到 1 小时。此时，帽子和手套应该已着色。关火后，将帽子和手套放在染锅中浸泡一夜，或直到染出你想要的颜色。根据所使用的水的 pH 值，甚至是甘蓝所生长的土壤的 pH 值，帽子和手套将呈现一种或温暖或清新的薰衣草色。

用中性肥皂轻轻地清洗帽子和手套。

将它们放平晾干，避免阳光直射。

### 改变甘蓝染料的颜色

**变成粉色或紫色** 加醋后红球甘蓝所染出的帽子和手套的颜色变得更柔和，从薰衣草色变为浅粉色，再变为浅紫色。

**变成蓝色或绿色** 添加小苏打，帽子和手套的颜色从薰衣草色变成蓝绿色。

使用中性肥皂在温水中轻柔地清洗婴儿帽和手套，将帽子放平晾干，避免阳光直射。

因为甘蓝是 pH 值敏感型染料，所以要像对待婴儿一样对待这些小件羊毛织物。将这些羊毛织物放入装有薰衣草的盒子里，这样可以使其免受蛾子的破坏，而且这样闻起来也很香！

# blue spruce

CHUNKY WOOL BLANKET

## 蓝叶云杉厚羊毛毯

蓝叶云杉（及其他云杉品种）的树枝能染出深浅不一的水鸭绿和灰色。蓝叶云杉是一种常绿树木，常被用于节日装饰，它也是冬季染料的绝佳来源。用蓝叶云杉给羊毛织物染色，染出的颜色尤为令人惊叹。冬季是一个蘸染特别厚重的针织羊毛毯的好时机，这样可以将室外的常青树木的精华带到您的家中。

云杉可产生气味芳香、给人以奇妙视觉感受的染浴。这个渐变染色项目就是利用冬季节庆装饰时使用过的树木来美化家居的好例子。如果你生活在多雪气候中，融化的雪水将是另一种非常棒的染色元素，因为雪水是一种软水，相比自来水含有较少的矿物质和化学物质。

# 厚羊毛毯

厚羊毛毯子（约 5 磅）

中性肥皂

2½ 磅修剪下来的蓝叶云杉枝条和针叶，将枝条切成 1 ~ 3 英尺长的小段

⅓ 杯硫酸铝粉

⅓ 杯塔塔粉（可选）

¾ 汤匙铁粉

## 设备

耐热防水手套

大号不锈钢带盖锅

过滤器

确保你所使用的羊毛毯是由干净的纯天然羊毛织成的。

将待染的毯子的一半浸泡在中性温肥皂水中。浸泡的时候尽量靠近染锅，因为打湿的厚羊毛毯子会很重，而且尽量不要挤压或拧羊毛毯子，因为这样会使毯子缩水。

轻柔地使用硫酸铝粉和塔塔粉（可选）对浸泡过的一半毯子进行预先媒染。

将小段的云杉枝条和所有的针叶放入大号不锈钢锅里，并注入 2/3 的水。煨 40 分钟到 1 小时，尽可能地从这些枝条上提取最多的色素。此时，你可以把火关掉，让染浴温度降至室温，这同样是为了避免毯子缩水。

当染浴降至室温的时候，用过滤器将里面的枝条和针叶舀出。加入铁粉，染浴会变成水鸭绿色。

将部分蘸湿的羊毛毯子放在一个临近的平面操作台上，然后轻轻地将毯子中多余的水分挤出。重新小火煨染浴，蘸染毯子的边缘。将毯子的边缘放入染浴中。你需要抓住毯子，只将边缘部分浸泡在染浴中，保证至少浸泡 20 分钟，这样才能获得稳定的颜色。毯子边缘浸泡在染浴中的时间越长，所染出的颜色就越饱和。你可以在 15 分钟后将火关掉，并让毯子浸泡一整夜。你会注意到染料会慢慢地渗透到羊毛毯中，因此，在蘸染边缘的时候要注意这一点，给染料的扩散预留出一些空间。当达到想要的颜色时，小心地将毯子从染浴中拿出，并使用中性肥皂在与染浴的温度相近的水中轻柔清洗。用手轻轻地按压毛毯，挤出多余的水分，将其平铺晾干，避免阳光直射。

SWEATER

# 红木球果毛衣

从当地原料中提取染料与了解你所生活的地方长得好的树木是相辅相成的两件事。红木球果是北卡罗来纳州生物区可用作染料的原料中极具代表性的一种。我喜欢使用红木球果染色，不仅因为它能染出烟粉色、淡紫色和黑色等颜色，还因为其染浴的芳香气味，那种味道让人感觉好像漫步在雨后海边的红木树林里。

在一年中的任何季节采集的红木球果都可以用于染色，无论是在森林里找到的干燥球果，还是采摘的绿色的新鲜球果。红木树也是地球上最古老的树种之一，其寿命最长可达 2000 年，一般的红木树寿命也可达 600 年。红木树一般在多雨的 12 月和 1 月开花。球果成熟则要等到秋天。尽管每棵红木树每年能结十万多颗种子，但其发芽率却很低。多数生长得好的红木树都是由根部周围生成的芽生长而来的，借用了成熟树木的营养和根系系统。每当母树死亡时，新一代的树木就会崛起，形成一圈被称为仙女环的树群。

从深秋到初冬，都可以找到绿色的红木球果。在冬季中旬，刚刚成熟的褐色球果也能染出令人赞叹的颜色。红木球果极易储存和干燥，你可以在染料储藏室里存一些球果，以待在一年中的其他季节使用。

除了红木球果，云杉、冷杉和松树的球果也是很好的染料来源。你可以探索身边的这些树木，或者使用冬季作装饰的树木。知道你所居住的地区生长着什么树木，并更多地了解它们的特性，了解采集它们的最佳时间，也是一种与周围环境保持同步的好方式，这样就能染出能够直接代表当地特色的颜色。

## 毛衣

羊毛衫或纯棉毛衣（约8盎司）

中性肥皂

至少½杯新鲜的红木球果，或

1杯干燥的红木球果

### 设备

耐热防水手套

中号不锈钢带盖锅

过滤器

不锈钢夹具

使用中性肥皂将羊毛衫或纯棉毛衣洗净，并让其浸泡至少1小时。在染色之前要使之一直保持湿润状态。

将球果放入不锈钢染锅中，注入3/4的水。大火煮沸。然后小火煨30～40分钟。关火，让染浴冷却，并浸泡一夜。

用过滤器将红木球果从染浴中舀出，然后放入浸湿的毛衣。染浴的温度应与毛衣的温度一致，避免毛衣缩水。小火缓慢地重新加热染浴至文火状态。

煨20分钟或更长的时间。可以用不锈钢夹具将毛衣取出，也可以在关火后将毛衣静置一会，这样能染出更饱和、更深的颜色。

使用中性肥皂清洗毛衣，然后将其平铺晾干，避免阳光直射。

注意：红木球果含有丰富的色素（事实上所有的球果都是如此），因此你可以将染浴保存起来供以后使用。

# sweet gum leaf

WATERCOLOR WALL WASH

## 枫香树叶水彩墙绘

枫香树是一种常见的落叶乔木，主要生长在美国东南部和美国温带地区，以及墨西哥和中美洲。在墨西哥和中美洲，枫香树是温带云雾林的常见树种。它极易辨认，叶子呈五角形，与枫叶相似；果实坚硬，呈刺状，在秋天成熟。枫香树叶为深绿色，在秋季会变成灿烂的橙色、红色和紫色。它的叶子中含有大量丹宁，树皮也具有药用特性，它经常被用作奎宁水和防腐剂。用枫香树叶制成的染浴味道特别好闻，带有淡淡的肉豆蔻香味。

红色枫香树叶在没有媒染剂的作用下可以染出一种冷粉色；如果加入铁粉，颜色会变成深紫色或黑色。在加利福尼亚南部，从秋季枫香树叶变红开始，经过整个冬天，直到早春，叶子都可以用来染色。叶子的红色越深，染出的粉色色调越重；如果再加入铁粉，它还能染出蓝色、紫色和深黑色。

枫香树叶可以为干净、平整的白色墙面增添一抹漂亮的粉色。还可以将枫香树叶染料浓缩成浓稠的溶液，制成墨水和颜料。在浓稠的染液中加入铁粉，还可以制出醒目的黑色墨水和华丽的水彩墙绘涂料，这种涂料不仅色彩华丽，而且带有一股芳香气味。如果你没准备好直接将它用在墙面上，可以先尝试织物染色或制作纸板墙面艺术品（枫香树叶染料也能在天然木材上着色）。你可以决定如何来应用这种染料。在这个项目中，我使用大号油漆刷和吸水海绵，制作出一种具有涂刷效果的水彩条纹。只需要谨记，在涂刷的过程中，你越是自由和投入，所获得的效果就越令人满意。

此配方足够画出一幅多层次的、12 英尺 ×14 英寸大小的水彩墙画。

# 水彩墙绘

1 磅红色枫香树叶

3 汤匙铁粉

## 设备

耐热防水手套

防尘面罩

大号不锈钢带盖锅

过滤器

塑料桶或大号不锈钢碗

足以覆盖画区地板表面的苫布

旧衣服、鞋子和绘画用防护橡胶手套

水彩纸或报纸（可选）

拖把或大号油漆刷及天然海绵

将枫香树叶放入一个大号不锈钢锅中，加入足够多的水，以没过所有的植物原料。

将水加热至沸腾，然后调小火，慢慢煨 40 分钟，直到液体显著减少。

当锅里的水呈现亮红色，且树叶从红色变为棕色时，就可以关火了。可以将叶子舀出，或者让叶子浸泡一夜。

如果想让染液的颜色更深，可以加入一些铁粉。将染液转移到一个不会与之发生反应的容器中，容器要能容纳你将要使用的海绵或刷子，塑料桶或大号不锈钢碗都可以。

确保你已经采取了防止染液飞溅或滴落的措施。在染色过程中要使用苫布，并穿旧衣服和鞋子来防止染液溅到身上。

你可以通过多种方式进行这个项目。你可以在大张的水彩纸（可以在艺术品商店成卷购买）上彩绘，这样就不用直接画在墙上。你也可以直接在白色哑光漆墙面上涂刷。开始时，可以先在一小块墙面上试验一下，后期再用涂料盖住。如果想获得分层的效果，你可以使用一个大号拖把和一块易于控制的平整海绵，或者使用大号家用油漆刷和天然海绵，以获得水彩的涂刷效果和纹理。刷的时候尽量刷得薄一些，或者一层一层地刷。你可以涂满一整面墙，也可以只刷一部分。放置一夜，等墙面晾干，这样你的水彩墙绘就完成了。

DYEING WITH

# citrus peels

## 柑橘皮染色

冬季，往往是柑橘类水果最甜、最多汁的时候，而用柑橘果皮可以染出黄色、金色和绿色等活泼的色调。给羊毛织物和丝绸织物染上这些颜色尤其漂亮。用小柑橘、无核蜜橘、柑橘、红橘、橙子和金橘等的果皮，可以染出许多华丽的色调。同样，柚子、西柚和柠檬的果皮也可用来制作染料，只是它们的颜色偏淡黄色，而不是金黄色。

4 盎司羊毛织物或丝绸织物

1½ 茶勺硫酸铝粉

1½ 茶匙塔塔粉（可选）

4 盎司柑橘皮

中性肥皂

**设备**

中号不锈钢带盖锅

过滤器

清洗织物，并使用硫酸铝粉和塔塔粉（可选）对其进行预先媒染。

将织物浸泡在水中直到染色开始。

将柑橘皮放入中号不锈钢锅中，注入 2/3 的水。将水煮沸，然后调小火，煨 15 ~ 20 分钟，或直到染浴开始变色为止。将果皮从染浴中滤出，可将果皮直接丢弃或发酵作为肥料。将经过预先媒染的织物放入锅中，继续煨 20 ~ 40 分钟。

然后可以将织物取出，也可以关火让织物在染浴中浸泡一夜，直到达到想要的颜色。

使用中性肥皂轻柔地清洗织物。将织物悬挂晾干，避免阳光直射。

# 为你的衣橱除草

花园中的一些杂草，在被扔进绿色垃圾堆之前，可能会成为染料和美的来源。有抱负的纺织品设计师、染色爱好者或植物爱好者，都乐于去发掘杂草的独特染料属性。最常见的杂草，如酢浆草，就可以用于制作染料、食品、医药，甚至还可以用作插花等装饰品。了解植物的隐藏属性，是一种能够激发创造性想法的强有力的方法，也是寻找创新性的染料原材料的方式。研究一下那些出现在你花园里的杂草吧，你会发现一个充满植物染料的宝库。

了解植物来自何处、它们是如何来到你居住的地方的，以及它们为什么能在你的土壤里良好地生长，这将帮助你更好地了解你的花园的生态系统，了解为什么一些植物能够在你的花园中茁壮成长，以及如何改善你的土壤，从而种植一些你想添加的其他植物。了解你所生活的社区和生物区，并制作植物地图，也是另一种增加植物染色实践、关心景观环境、与生态系统和谐共处的方式。

用植物染色可以促使你对土地本身进行真正的管理。有许多方法可以增进染色实践，而这种实践以永续生活设计和再生性设计为中心，且能帮助维持生态系统。培育染料植物也可以为你的花园和景观设计带来更深层次的美感。

### 一些能够用于染色的杂草

- 蒲公英——叶子：黄色、绿色和灰色；根部：红色和粉色
- 秋麒麟草——黄色和绿色
- 酢浆草——亮黄色和深红棕色
- 野胡萝卜——浅黄色到灰色、绿色

• 艾菊——亮黄色到深红棕色

• 野茴香——亮黄色到深绿色

## 为时尚而搜寻染料植物

当你越来越了解你的花园、你的邻里及区域种植区里的植物时，你就学会了照料它们，以便收集染料，保护染色植物所在的生态系统。

收集植物染料植物，是一种照料你的花园、你邻居的花园（前提是获得允许）的良好方式，还能重新利用城镇和市区中被砍下而直接丢弃的植物枝条。我就经常在社区里收集枫香树叶和被暴风雨吹断的紫叶李子树枝条。

当你知道橡子会落在哪里，蒲公英的种子会顺着附近的人行道传播时，你会获得一种全新的观察周围景观的角度。

与朋友和邻居交换也是丰富染色师的染料库的好方式。在邻里之间交换水果和蔬菜时，你可能会获得植物染料。对某个人来说过剩的东西，可能会在其他人那里得到很好的利用。邻居之间也可以分享有用的染料植物，从彼此的庭院中收集种子及其他植物染料，用以创造美丽的纺织品。与社区里其他的染料植物搜寻者合作，经常可以得到很好的植物染料。加入城市搜寻小组，也能很好地分享不同植物的使用方法。

## 搜寻染料植物的注意事项

• 你必须确保所搜寻的植物是安全的，因为许多植物是有毒或有害的。在专业指导下认真甄选，并向植物专家们咨询，这些人可以是草药学家、植物学家，或者是了解植物的其他植物染色师。

• 确保你在经过允许的范围内搜寻；如果不确定的话，在搜寻之前要先获得许可。

• 为了保证制成的染料的安全性和清洁性，要避免在靠近主路、停车场和喷洒过杀虫剂的地区（包括农业区，尤其是玉米地附近）采集染料植物。也不要在废弃的房屋附近采集，避免铅和其他有毒物质的污染。不要在不熟悉的场地和田野里采集，也不要在使用了化学药剂的草坪附近采集，更不要在没有任何可持续处理措施的工厂和农业综合企业的下游采集。

• 在别人知晓的情况下采集、提前获得许可和采集后表达感谢，是同等重要的。

• 只采集数量较多的归化植物或本地植物的花朵和叶子，每次采集的量不要超过其总量的 1/3。选择看起来健康的植物，但要留下最强壮的，这是出于尊敬，也是为了促进植物未来的生长。不要采集山坡上的植物，这样它们的种子会沿坡向下传播。

• 永远不要去采集野生濒危植物。这些植物中的许多都可以药用，或者你可以用其他没有受到威胁的、属性相似的植物作为替代。植物保护联合组织的网站（unitedplantsavers.org/species-at-risk）提供了一份濒危植物和临近濒危植物的名单。

• 尽可能只采集必要的部分。挖出根系会杀死整株植物，应避免使用这种方法，除非植物将被整株铲除，或者根部是制作染料所必需的材料。

• 与想要采集的植物建立良好的关系。了解生长在它们周围的植物，以及能使它们生长良好的土壤，观察它们的成熟过程。

• 谦卑地收获，对植物和种植者心怀感激。

在野外采集染料植物，不仅要了解所寻找的植物的类型及如何正确识别它们，还要了解本地植物和季节性植物的相关知识。有了这些知识，你就可以为保持自然景观的活力和健康尽一分力了。

## 原生染料植物

原生植物是指那些在某个特定区域内，经过很长一段时间进化而来的植物。这一特定区域的土著了解这些植物，并赖以获取食物、衣服和住所。使用原生植物往往是有益的，原因有很多。其中最重要的一点是，在特定区域中辨别它们的用途往往比较容易，因为历史学会、当地的植物专家和当地的图书馆可能已经存有关于这些植物的使用和栽培信息。当然，原生植物还对人类有益，通常它们能很好地适应你所在地区的气候、昆虫和其他自然条件，因此它们在得到最低限度的照料（通常是指最小的水量）的情况下，能够很好地生长。

当你慢慢了解了野生或人工培育的染料植物时，你会逐渐注意到气候和土壤质量的变化，以及植物在生长过程中的变化。了解植物会使你的感觉变得敏锐。当你对季节和天气的细微变化变得敏感时，你就学会了阅读自然模式。在你观察植物季节性成长的过程中，你不仅知道了何时收集落叶树的叶子和树皮，还知道了天气和气候变化的更多模式和周期。对我来说，每年海湾地区的野茴香重新发芽，才是夏天来临的真正标志。

美化环境，甚至更广泛地说，恢复我们的生态系统，是我们在收集和维护染料来源的过程中的自然延伸。

### 植物修复型染料植物

许多染料植物除了自我修复能力之外，也具有植物修复能力，这意味着它们可以吸收受污染的土壤中的金属，尤其是在城市和工业区。许多金属能够作为助剂影响所染出的颜色，而这些植物将金属吸收到自身根系、杆茎和叶子的潜力，实际上起到了向染浴中添加天然媒染剂和改性剂的作用。例如，山矾属植物（具有超强吸收能力）可以通过其根系将金属吸收到叶子中，其叶子可被当作一种含有硫酸铝的植物媒染剂使用，进而起到增加织物色泽和提高染色牢度的作用。这种植物的北美亚种叫作矾蓝（也叫甜叶、马糖和黄木）；亚洲亚种就是白檀（又叫蓝宝石浆果）。

向日葵会从土壤中吸收金属，具有积极修复有毒土壤的能力，可以改善受污染的土地，用它们可染出一系列鲜艳的色彩。

了解你花园里的土壤，以及你采集植物处的土壤，对于保持环境健康和保持安全很重要。当你考虑在靠近高速公路的空地上采集植物染料的原料时，请注意这样的土壤可能是有毒的。应避免从可能有毒的场所收集家用的染料植物，将这些可能有毒的重金属富集植物留给专业人员去处理。

# 工作笔记

# 媒染剂与改性剂

## 金属媒染剂

### 羊毛用基础明矾媒染剂

这里所用的羊毛织物的重量为 4 盎司，并以此为基准来计算媒染剂用量，你也可以简单地按照实际使用的织物的重量，按比例调整媒染剂用量。方法是在织物干燥时对其称重，然后按照干燥织物重量的 8% 来计算所需的媒染剂。

当使用羊毛织物时，要确保水温逐渐升高或降低，这样纤维才不会因温度的突然变化而受到刺激。

塔塔粉也可以用作额外的作用剂来提亮织物的颜色，并在染色过程中促进染料与纤维更好地结合。

4 盎司羊毛织物

1½ 茶匙硫酸铝粉

1½ 茶匙塔塔粉（可选）

仔细清洗羊毛织物。

将羊毛织物在水中至少浸泡 1 个小时。

将硫酸铝粉和可选择性添加的塔塔粉放入一个杯子中，加入沸水，然后搅拌，使其溶解。将媒染剂混合物倒入能够完全没过待染织物的水中，然后搅拌。将预先浸泡过的织物放入染锅中。

将染锅架在炉子上，小火加热至沸腾，然后煨 1 小时。关火，将织物取出，或者将织物留在锅中浸泡一夜。

使用中性肥皂在与取出织物的染浴温度相近的水中洗涤织物，以去除多余的媒染剂。漂洗织物，直到水变清为止。对于像针织羊毛衫和其他比较脆弱的织物，最好将它们平铺晾干，这有利于保持其形态，防止变形或缩水。

### 丝绸用基础明矾媒染剂

你也可以对丝绸织物使用媒染剂，就像对羊毛织物和其他动物纤维织物一样。

这个配方中使用的是 4 盎司的丝绸织物。如果你使用的织物的重量不同，需要先对丝绸织物称重，然后按照织物重量的 8% 调整媒染剂的重量。对于丝绸，既可以使用冷水染色法，也可以使用热水染色法。如果使用热水染色法，可以按照 165 页的说明进行。我们接下来使用的方法是冷水染色法。

4 盎司丝绸织物

1½ 茶匙硫酸铝粉

1½ 茶匙塔塔粉（可选）

仔细清洗丝绸织物。

在水中浸泡丝绸织物。

将硫酸铝粉和可选择性添加的塔塔粉放入一个杯子中，加入沸水，然后搅拌，使其溶解。然后将媒染剂混合物倒入一个盛满温水的大桶中，并加以搅拌。

将丝绸放入混合好的媒染剂中，轻柔地搅动几分钟。然后静置一夜。

使用中性肥皂在冷水中洗涤丝绸织物，去除多余的媒染剂。悬挂晾干。

### 植物纤维用醋酸铝媒染剂

你也可以使用醋酸铝粉来对植物纤维（棉、亚麻和大麻等纤维）织物进行媒染。使用醋酸铝粉进行媒染的好处是，即使不加丹宁（像其他植物的基础媒染配方一样），也可以在棉、亚麻、苎麻和大麻纤维织物上染出更鲜亮、更清丽的颜色。使用这种媒染剂必须戴上防尘面具！这个配方使用的是冷水染色法。对于重量超过 4 盎司的织物，要按照织物重量的 8% 调整媒染剂的用量。

4 盎司植物纤维织物

1½ 茶匙醋酸铝粉

将植物纤维织物在水中至少浸泡 1 小时。

将醋酸铝粉放入一个杯子中，加入热水，搅拌，使其溶解。

将媒染剂混合物倒入一个盛满温水（水要完全没过织物）的大桶中，并搅拌。

将浸湿的织物放入媒染浴中，轻柔地搅动几分钟。让织物静置一夜。

使用中性肥皂在冷水中清洗织物，去除多余的媒染剂。悬挂晾干。

## 将铁粉作为媒染剂

当用铁作媒染剂进行染色时，染出的颜色通常会变深。染色师一般使用的是粉末状的铁粉（硫酸亚铁），以便于精确测量。可以从染色用品商店购买铁粉，只需少量点就可以用很长时间。铁可以作为媒染剂，不管是对预先媒染还是染后媒染，都有很好的效果。不论哪种方法，它都可以加深或改变染浴的最初颜色。铁粉通常会很快起作用，使颜色变深或完全改变。

铁也是一种天然的颜色改性剂。改性剂通常会被加入染浴中，在染色过程初步结束后，使颜色发生改变。一些改性剂，如铁，也可以作为媒染剂，但大多数改性剂只能改变颜色，并不能帮助纤维固色，这时就需要再添加媒染剂。你可以提前制作媒染剂溶液，将其装在玻璃容器中，贴好标签保存起来，以便以后使用。

注意：铁媒染剂需要贴上标签，安全保存。在较小的剂量下，铁是无毒的，但如果误食大剂量的铁或人体持续暴露在有铁的环境中时，铁也是有害甚至是致命的，尤其对于儿童和宠物。如果在给织物染色时要用铁，只需要非常小的剂量，因为某些织物，如羊毛织物和丝绸织物，如果染色的过程中接触过多的铁，久而久之容易被铁腐蚀。

每次使用铁媒染剂后，彻底地清洁染锅是非常重要的。因为铁媒染剂会有残留，这将会影响后来的染浴，使织物的颜色发暗或发生改变，有时它还会在织物上留下难看的斑点。即使是很小的剂量，也会使颜色发暗或发灰。由于这些原因，在使用铁媒染剂时可能需要准备一个专用的染锅。

### 可用于动物纤维和植物纤维的基础铁媒染剂

在给织物染色之前，先给织物称重，然后记录织物的重量。按织物重量的一定比例确定铁粉的用量。

4 盎司纤维织物

½ 茶匙铁粉（硫酸亚铁）

将织物在温水中至少浸泡 1 小时或一夜。

在一个不锈钢锅中注入足够多的水，水要完全没过织物，并留有足够的空间，使织物能够均匀地与媒染剂接触。

将水煮沸。将铁粉放在一个杯子中，加一些热水，搅拌，使其溶解。将铁媒溶液倒入沸腾的水中，搅拌均匀。关火，让水冷却下来。

将织物从浸泡的水中取出，放入染锅中。小火加热至沸腾。盖上锅盖，防止烟雾对眼睛和腑造成刺激。偶尔取下锅盖，轻轻搅动织物，使之与铁接触均匀。煨 15 ~ 20 分钟。

将染锅从火上取下，让织物在洗涤前先冷却。再用中性肥皂洗涤织物，然后彻底漂洗，以去除残留的铁粉。悬挂晾干。

## 铁粉染后媒染剂或改性剂

铁是一种很好的染后媒染剂，能够加深或改变织物的颜色，且不必加热。铁改性剂可以在停止加热后、放入织物前，直接加到染浴中。在浸泡前要先称量织物的重量。按照织物重量的 2% 确定媒染剂的用量。

4 盎司染色后的织物

½ 茶匙铁粉（硫酸亚铁）

将染好色的织物放入水中至少浸泡 1 小时，待用。

按照本书中介绍的任意一种配方制作染浴。

将织物从浸泡的水中取出并放入染浴中。按照你所选择的配方给织物染色。停止加热，让织物冷却。将织物从染浴中取出，悬挂晾至室温。

将铁粉放入一个杯子中，加入一些热水，搅拌，使其溶解。将铁媒溶液加到染浴中，并搅拌。现在的染浴温度可能不高，最好还是将染浴的温度控制在沸点以下，以避免吸入染浴蒸汽。如果是对铁粉比较敏感的染料，应该会立刻看到染料颜色的改变。

将染后的织物再次放入染锅中。轻轻搅动，让织物均匀上色。将织物在染浴中至少浸泡 15 ~ 20 分钟。

将织物取出，用中性肥皂仔细洗涤，彻底漂洗后悬挂晾干。

## 自制铁媒染剂溶液

你可以轻松地制作铁媒溶液或铁液。用白醋浸泡生锈的钉子等，然后将其密封在 1 夸脱的罐里即可，剩下的就交给时间。你可以将它储存在带盖的、贴有标签的罐子里，以便在以后的染色项目中使用。少量铁媒溶液就可以使用很久。

10 个大号的生锈铁钉

水

白醋

把生锈的铁钉放入罐子里。在罐子里加入 2 份水、1 份醋，要完全没过铁钉。盖上盖子，然后密封。水将在 1 ～ 2 周内变成橘黄色。这份铁媒溶液，你保存多久都可以。

将已经染色的织物预先浸泡至少 1 个小时，然后再用铁媒溶液进行媒染。

使用铁媒染剂时，可以将铁媒加入不会与之发生反应的染锅中，加入足够的水，使水没过织物。将预先浸泡好的织物放入染浴，小火加热至沸腾，然后继续煨 10 分钟。

停止加热后，让织物冷却。从锅中取出织物，然后在染浴上方拧出多余的铁媒溶液，可以把这些铁媒溶液作为铁媒储存起来。将织物悬挂晾干。

用中性肥皂洗涤织物，然后进行漂洗，直到水变清为止，以除去多余的铁粉。将织物悬挂晾干。

## 植物性媒染剂

正如你所了解到的一样，某些植物原料含有高浓度的丹宁。丹宁是一种效果不错的天然媒染剂，可以帮助植物性纤维固色。它是一种无毒物质，在许多植物原料中，如树皮和树叶中都有发现。对于许多植物纤维来说，丹宁与明矾结合使用比只用丹宁时可以染出更多种颜色。

将某些含丹宁的植物原料作为媒染剂会起到非常好的效果，这些植物原料包括橡子、栎五倍子、石榴皮、杜松针和漆树叶。一些含丹宁的物质，如栎五倍子，会固着于纤维上，使染料中的色素充分地与纤维结合。其他一些含丹宁的物质可能会改变织物的颜色，使其颜色变得暗淡，尤其是黄色、粉色或棕色调的织物。

**橡子**　可以在秋天从橡树上采集橡子，也可以从专业的草药店或杂货店购买橡子粉。去除橡子的外壳和表皮，制成粉末。将橡子原料放进水中，浸泡几天，使橡子中的色素充分溶解。橡子能染出从浅米色，到灰色，再到蓝绿色等多种颜色。

**杜松针**　杜松针是一种天然媒染剂，可以从杜松树的针叶中提取。收集干燥的树枝，将其放在一个大盆中点燃。只收集针叶的灰，一杯针叶灰与两杯开水混合。搅拌后过滤。剩下的液体就是你要的媒染剂。

注意：在自制这些媒染剂的时候要小心。灰烬和水混合会形成一种碱液，这种碱液是强碱性的，可导致烧伤，因此使用这种媒染剂的时候，要戴好手套并采取其他保护措施。

**栎五倍子** 即黄蜂在栎属植物上产卵而形成的瘿，看起来好像粘在树枝上的球。在植物媒染剂中，栎五倍子含有的丹宁酸最多，它能增加织物的色泽，提升染色牢度，特别是对于植物纤维织物来说。栎五倍子可以从多种树木上收集，特别是橡树。

**石榴皮** 石榴的外皮，可以用作丹宁媒染剂和染料，可以染出带有桃色调的黄色（需添加明矾作为媒染剂），还能染出灰色、青苔绿色及黑色（需加入铁媒）。果实的成熟程度会影响染料的颜色：果实越不成熟，染料的颜色越偏绿色。

**漆树叶** 漆树的叶子富含丹宁，是一种很好的天然媒染剂。漆树叶作为媒染剂能使大多数植物纤维色彩更鲜亮，并能增强染色牢度。当丹宁媒染剂作用于如棉花、亚麻、大麻等植物纤维的织物时，要为这个过程预留额外的时间，可能需要两到三天的时间。

**山矾叶** 山矾的叶子可被制成粉末状，作为明矾的替代品，起到媒染剂的作用。这种植物是一种活跃的金属生物累积器，它们能从所生长的土壤里直接吸收铝。可以购买粉状的矾媒。对于植物纤维织物和动物纤维织物来说，它都有助于染出一些令人兴奋的颜色。

## 植物纤维基础丹宁媒染剂

两种常用的且不会让织物颜色变暗的丹宁媒染剂是栎五倍子和漆树叶。以下配方中使用的媒染剂是栎五倍子，你可以使用等量的漆树叶来代替栎五倍子。

4 盎司植物纤维织物

1 茶匙粉状栎五倍子（丹宁酸）

彻底清洗植物纤维织物。

将织物浸泡在冷水中一整夜。

制作丹宁浴，可将栎五倍子粉放入不锈钢锅中，加入 4 ~ 6 加仑水，搅拌溶解。然后将溶液煮沸，煨 30 ~ 60 分钟。将锅从火上取下，让丹宁浴冷却至温热状态。将织物从水中取出，然后将其放入丹宁浴中，浸泡 8 ~ 24 小时。

将织物从丹宁浴中取出。先用温水漂洗，再用冷水漂洗，然后使用中性肥皂洗涤，再进行彻底冲洗，之后悬挂晾干。

### 用明矾媒染剂给用丹宁处理过的植物纤维预先媒染

在染色前，用丹宁浴处理过植物纤维织物后，你可能需要明矾作为额外的媒染剂来让织物的颜色更鲜亮。当你把织物上的丹宁漂洗掉后，使用明矾媒染剂进行一次预先媒洗（如果想得到更鲜艳的颜色，可以进行两次）。

4 盎司植物纤维织物

基础丹宁媒染剂

4 茶匙硫酸铝粉

1½ 茶匙苏打灰

清洗植物纤维织物。

将织物在水中至少浸泡 1 小时。用丹宁溶液对织物进行预先媒染，然后漂洗，将其悬挂滴干。在这期间可以制备明矾媒染剂。将硫酸铝粉和苏打灰放入盛有半锅水的不锈钢锅中，搅拌均匀，使其溶解。向锅中加入更多的水，水要没过待染色的织物，然后将浸湿的、经丹宁处理过的织物放入锅中。

小火加热至沸腾，然后关火。让织物浸泡 4 ~ 8 小时，期间要偶尔搅拌，这样织物才能均匀地与媒染剂接触。将织物取出，轻轻地将多余的媒染剂溶液挤回染锅中。

如果想获得更深的颜色，可以在染色前进行两次预先媒染。可以使用同一份媒染剂，两次之间不用漂洗。

使用中性肥皂洗涤织物，彻底冲洗，然后悬挂晾干。

## 染色与媒染同时进行：一次性染色法

想要使染色和媒染方法更快、更节能，你可以将染料提取出来，然后将媒染剂直接加到染浴中，再进行染色。这就是一次性染色法。

仔细清洗织物。

在染色和媒染前将织物漂洗干净，并至少浸泡 1 小时。

按照染料配方，从植物原料中提取染料。将植物原料从染浴中滤出。让染浴冷却。

如果你使用的是冷水染浴：将适量媒染剂放入杯中，加入一些热水，搅拌溶解。在染浴中加入媒染剂，然后加入织物，让织物浸泡几个小时，直到达到预期的色调。

如果使用的是热水染浴：将量好的媒染剂直接添加到染浴中，然后搅拌均匀。将织物放入染锅中，并将染浴加热至 85℃，小火加热至沸腾，煨 20 ~ 30 分钟，或直到达到预期的颜色。

从染锅中取出织物。使用中性肥皂在温水中洗涤织物，然后彻底漂洗，直至水变清。将织物悬挂晾干。

## 将染锅作为媒染剂

用铁、铜或铝锅作为媒染容器，可以在染色过程中有效地节省一个步骤。这种方法的染色效果不太容易把握，但其试验性和简便性却能带来不一样的艺术效果。可以在你的染色工作室多储存一些这种金属容器。

将织物仔细清洗干净，并用水浸泡。将织物放在金属容器（铁、铜或铝制）中，可以装满水以备预先媒染，也可以直接盛装染浴，一次性进行染色和媒染。将染浴煮沸，然后煨 30 ~ 60 分钟。关火，让织物浸泡一夜。

从染浴中取出织物。用中性肥皂轻轻洗涤，将其漂洗干净。将织物悬挂或平铺晾干，避免阳光直射。

## 安全处理使用过的媒染剂和染浴

以负责的态度来处理你的材料，这是可持续实践的重要组成部分。用明矾、铁粉和丹宁制成的媒染剂溶液，如果被纤维有效吸收，余下的液体就可以倒入下水道，或浇在花园里。冷却的明矾和铁媒溶液也可以浇在喜酸植物的根部，如针叶树、山桂冠、杜鹃花、绣球和蓝莓。这些较高浓度的金属化合物常被用来给植物施肥。但是，仍需要小心，不要打破土壤或堆肥的酸碱平衡，浇灌过多的酸或碱都会伤害植物。将媒染剂倒入花园时，要采取适度的原则，每次要倒在不同的位置。

在将剩余的染浴倒入下水道或花园中前，要先对染浴进行处理，你可以先用 pH 试纸做一个快速的测试，以了解染浴的酸碱度。若要增强酸性，可以加入白醋；若要增强碱性，可以加入小苏打。

### 制作备用媒染剂

如果你计划进行多次植物染色，相信我，一旦你踏入植物染色的领域，就很难停止，有一种简单且安全的使用媒染剂的方法，即使用媒染剂溶液而不是粉末。这就最大限度地降低了你吸入有害粉末的潜在危险。将媒染剂制成溶液也可以节省大量的时间，因为你可以无限期地保存这些溶液，不用在每次使用的时候都去称量。要制作媒染剂溶液，可以将媒染剂粉末溶解在沸水中。4 盎司的媒染剂粉末可以制出 2 品脱的媒染剂溶液。将媒染剂溶液存储在不会与之发生反应的玻璃或塑料容器中。每次使用媒染剂溶液的时候，要先搅拌或晃动一下。使用媒染剂溶液的时候，每 0.04 盎司的干燥织物需要约 2 茶匙的媒染剂溶液。当你基于干燥织物重量来计算媒染剂用量的时候，16 茶匙媒染剂溶液约等于 0.32 盎司的粉末状媒染剂。

## 改性剂的使用

一些媒染剂，如铁粉，同时也可用作改性剂。改性剂可在初步染色后使用，以改变已经染在织物上的颜色。改性剂同样也可用来在织物上染出多彩斑斓的色块。例如，你可以将一块使用红球甘蓝染色的织物的一端放在一份酸性改性剂中蘸染，再将另一端放入一份碱性改性剂中蘸染，你会得到两种截然不同的颜色。白醋和柠檬酸都是简易的酸性改性剂，可以使用它们进行试验。木灰和小苏打都是碱性改性剂，使用它们同样能达到惊人的效果。

**几种常见的可用于植物染色的改性剂**

你也可以将改性剂直接添加到某些植物染浴中，在放入待染色的织物之前或之后去改变织物的颜色。

| 酸性 | 碱性 |
| --- | --- |
| 柠檬酸 | 氨水 |
| 塔塔粉 | 碳酸钙 |
| 柠檬汁 | 石灰（氢氧化钙） |
| 酒石酸 | 碱液（氢氧化钠） |
| 醋 | 纯碱（碳酸钠） |
|  | 木灰 |

与动物纤维相比，植物纤维对碱性染浴更敏感，因此将染浴的 pH 值调高的时候需要小心。在开始大件织物染色前，最好先从小块的样品开始试验。

### 火炉或壁炉木灰：可以改变颜色的碱性改性剂

在夏季或秋季从火炉里收集木灰，或者在冬天或早春的时候从壁炉里收集木灰，是利用常见副产品的好办法。你也可以跟当地采用木火的比萨店建立友好关系，这样你就能获得大量的木灰，这些木灰在制作天然靛蓝染浴的时候非常有用。

如果你想制作一份碱性的染后改性剂来改变织物的颜色，可以按每 4 盎司织物大约 1 茶匙的量来收集木灰。制作浓缩物的时候，将木灰用棉布包裹住，将其浸泡在温水中挤压，如此重复几天。然后将染好色的织物放入溶液中，将其淹没浸泡 15 ~ 20 分钟。有时你会看到巨大的变化。例如，如果是用木槿、红玫瑰或霍皮黑葵花籽这些 pH 值敏感型染料进行染色的织物，其颜色将从紫红色、粉红色变为绿色、蓝色和黑色。木灰也能将用酢浆草花染色的织物的颜色从黄色变为锈橘色。

# 植物染料色卡

使用媒染剂来增强甚至改变染浴的颜色，是一个充满乐趣和创造性的过程。下面是几张色卡，展示了在仅有植物染料的情况下所能得到的颜色，以及在明矾媒染剂、铁媒染剂及二者同时使用时所得到的颜色。

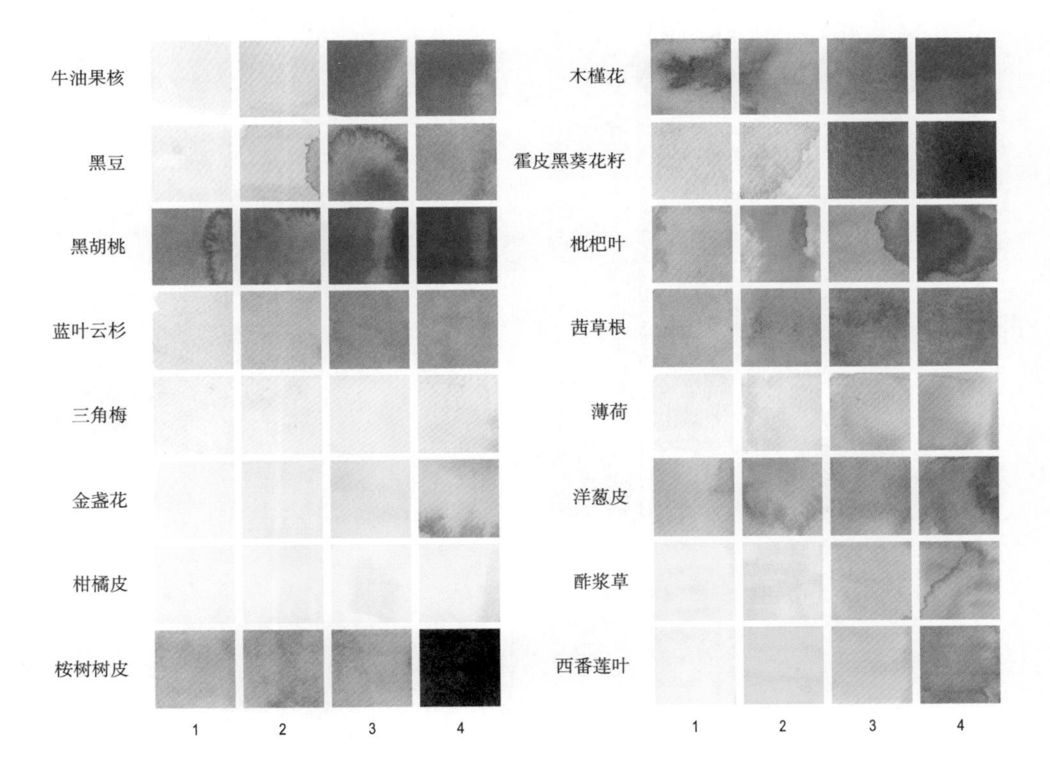


媒染剂

1. 只有植物染料
2. 只使用了明矾媒染剂
3. 使用了明矾媒染剂和铁媒染剂
4. 只使用了铁媒染剂

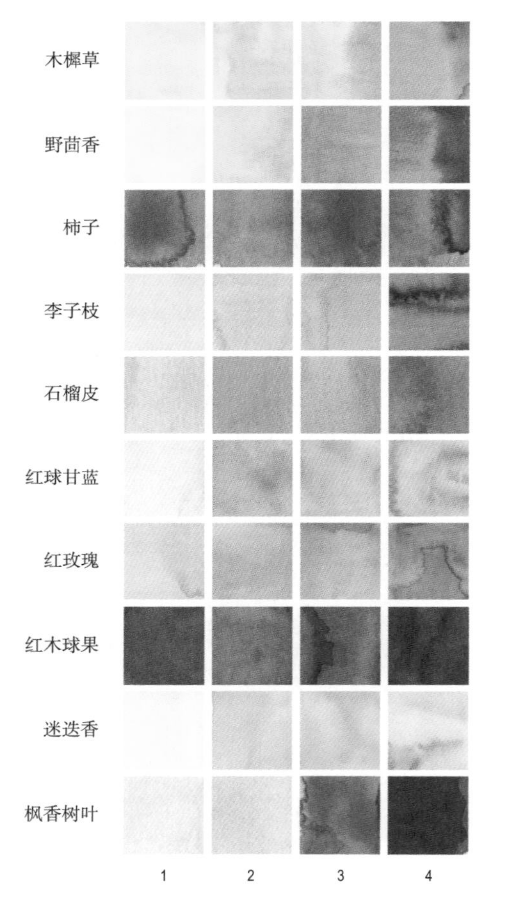


一些植物染料不会受到媒染剂的影响，但仍然能够通过其他方法得到一系列的色调。对于靛蓝染料说，就是进行多次浸染，对于芦荟来说，加入苏打灰就能得到偏粉的珊瑚色。

# 染色技法

# 扎　染

扎染是通过对织物进行扎、缝、缚、缀、夹等，阻止染料与织物接触，从而在织物上制造图案的一种方法。在此，我将分享我最喜欢的两种方法。因为这个过程中所用的染料和手工制作的图案多种多样，所以用这种方法可以制作出无数种图案。使用这种方法，也非常容易进行创新，并创造属于你自己的独特图案。

## 板缔绞染（Itajime Shibori）

这项技术通过使用同一块木板对织物来回进行打褶处理（就像折扇那样），再向相反方向折叠，然后在染色前用夹具将其固定。这种方法能产生一种有趣的网格图案。也可以将织物折叠成三角形，这样会得到一种辐射状的图案。

像折扇一样来回地折叠干燥的织物。将折叠好的织物旋转 90° ，然后再次折叠，折成一个方块。

在折叠成方块或三角形的织物的两端，用麻线或橡皮筋固定两块干净的木板。

将绑好的织物放入水中至少浸泡 10 分钟。

将绑好的织物放入所选择的染浴中。让织物在染浴中至少煮 20 分钟，或者煮足够长的时间，让染浴完全浸透织物。

将绑好的织物从染浴中取出。继续保持织物捆绑状态，用清水漂洗。

将木板从织物上解下来，欣赏你所制作的美丽的图案吧。

用中性肥皂洗涤织物，然后彻底漂洗，晾干。

## 岚扎（Arashi Shibori）

岚（Arashi）在日语中是“风暴”的意思，经过岚扎制出的图案让人想起猛烈的暴风雨。岚扎也被称为木棍缠绕扎染。在这种方法中，将织物沿着边缘或对角线紧紧缠绕在一根木棍上，然后再用麻线或棉线从木棍的一端缠绕固定。也可以在将织物固定在木棍上后再对其进行扭曲，这样所得到的是褶皱的纺织品。

将事先准备好的干净织物围绕一根棍子缠绕起来，棍子的尺寸要适中（对于大床使用的枕套，我选用了一个直径为 5 英寸的 PVC 管），要能够安全地没入染浴中，如果有必要，还需将织物进行预先媒染。PVC 管或不锈钢管的尺寸比较合适，且它们不会与染浴发生反应。在多数五金店，你都可以买到所需的管子，也可以去废弃修理厂找找。我喜欢用水桶或者更大一些的靛蓝翁进行岚扎，因为这些比较深的容器在关火后能装下更长的棍子。

根据你想要的线条的粗细，可以选择用缝纫线、棉线或绳子将织物捆绑起来。确保所用的线结实、够长，能够用于制出想要的图案。如果你想要将织物平整地缠绕在棍子上，可以用防水胶带来帮助固定织物。

缠好之后，你可以将织物（仍然用线固定着）紧紧地挤成一堆，再打一个结或用胶带固定，然后再将包裹好的棍子放入染浴中。

对于靛蓝染色，将棍子放入室温下的染浴中浸泡 3 分钟。然后将其取出，晾 3 分钟，使织物暴露在空气中，使之被氧化成蓝色。然后根据想要的颜色深度进行重复染色。对于由其他植物染料制成的染浴，将岚扎织物浸泡在染浴中 15 分钟或更长时间。如果想获得更饱和的颜色，也可以在停止加热后，将缠好的棍子在染浴中浸泡一夜。

当达到想要的色调后，将棍子从染浴中取出。保持包裹和缠绕的状态，用清水漂洗。

将织物展开，就可以欣赏你制作的美丽图案了。用中性肥皂洗涤岚扎过的织物，彻底漂洗后晾干。你还可以将岚扎过程中使用的、同样被染了色的线用在刺绣、针织和钩织中，甚至还可以用来捆绑染好的织物，将其作为一份礼物！

# 浸　染

通过浸染织物制造渐变或晕染效果是我最喜欢的方法之一，用这种方法可以进行简单的和小面积的设计。我尤其喜爱这种技法，还因为它展现了植物本身的色彩潜力梯度、织物的基色及多重色调的结合、对比，真正突出了色彩及其潜力。玛莎•斯图尔特曾形容渐变效果是“从觉醒到沉睡的过渡”。我同意!

仔细清洗织物，并根据需要进行预先媒染。

将你想浸染的部分织物浸泡在温水中。

将织物浸入染浴中。每次顺次降低织物没入染浴的深度，浸在染浴中时间最长的部分将呈现最深的颜色。织物浸在染浴中的时间不同，得到的颜色的渐变效果也不同。

如果你足够耐心，可以用手拿着织物染色，还可以为每个色带临时搭建一个支撑平台来确保织物不会移动。这时停止对染浴加热是相对安全的，这样就会避免意外接触到火焰。

每一个色带都要至少浸入染浴 15 ~ 20 分钟，除非是用靛蓝染料制成的染浴，在这种情况下，浸入 30 秒到 3 分钟即可。足够长的浸泡时间能够确保色素和纤维分子有足够的时间牢固结合。

使用中性肥皂在温水中洗涤被染色的部分，漂洗干净，然后晾干，要避免阳光直射。

# 蒸汽印花

在植物染色领域，我视为英雄的是澳大利亚植物炼金术士和工匠尹迪亚·弗林特。尹迪亚是一个天才植物染色师，他率先使用了捆扎和蒸汽印花的技术，使颜色和图案能够一次成型。

关于蒸汽印花，我最喜欢的地方就是，当植物被印到织物上的时候，织物的外观所发生的变化，这是一个令人愉快的过程，所产生的效果也十分华丽。在过去的几年里，加州艺术学院的学生们已经针对这种方法做了许多探索和试验，发现将颜色和图案直接转移到织物上，这种方法比浸染能取得更好的效果；它也可以在织物上得到更深的染色效果。使用蒸汽印花，你还可以将植物或其叶子的外观如此生动地直接印在织物上，就像照片一样。

在为尝试这种技术而选择植物的时候，最好选那些你确认能产生浓郁颜色的植物。我最喜欢使用的是深色的玫瑰花瓣，不仅因为用它们能染出美丽的颜色，还因为这种染料有着芳香的味道。

先仔细清洗织物，如果有必要，再对织物进行媒染。然后，把植物按照你想呈现的样子摆放在织物上。仔细地将织物卷起来，就像制作春卷一样。将卷好的织物用结实的粗线绑好，确保在蒸汽的作用下卷好的织物不会散开。

接下来，准备一个可进行蒸汽印花的容器。你可以使用蒸笼或砂锅；针对相对大型的染色项目，我会使用烹饪蒸笼，这种蒸笼由一个大锅和特制的穿孔内胆（像一个壶形的滤锅）组成，既能保证最大限度地获取蒸汽，也能容纳大件的织物。

将蒸笼的底部注满清水，然后小火加热至沸腾。小心地将卷好的织物放在蒸笼里，盖上盖子。蒸的过程可能需要 1 ~ 3 小时，这取决于你所选择的植物和织物。

拿起盖子检查的时候要小心：热气和水蒸气有时候是非常烫的，特别是大锅里的。进行蒸汽印花时要使用锅架，穿长袖的衣服，并穿戴防水手套和靴子。第一次打开锅盖的时候，注意不要将脸靠近蒸汽。

在完成了这个过程后，不论你是否进行过预先媒染，喷洒或直接使用媒染剂和改性剂对其进行媒染，解开绑住的织物，小心地将其展开。

用中性肥皂清洗蒸汽印花纺织品，并将其悬挂晾干，避免阳光直射。

当植物被印到织物上后，你也可以将铁、明矾、柠檬和纯碱溶液装在喷雾瓶中，喷洒到卷好的织物上，这个方法能最大限度地发挥媒染变化的潜力。

mop brush
holds large amounts

# 柑橘类防染剂

对于柑橘类植物的漂白能力我曾有切身的体会：我挤柠檬的时候，不小心将柠檬汁溅到一件使用枫叶染色的深灰色连衣裙上，连衣裙立刻被漂白了。许多关于植物染色的书都不曾写到哪些染料对酸性或碱性物质敏感。然后，当然，服装就成了与环境互动的试验品。含有丹宁的深色植物染料遇铁会发生强烈的反应，用这些染料染制的织物极其脆弱。一点柠檬汁、沙拉酱，或其他强酸性的物质，都可以当场将其漂白。如果发生这样的意外，结果将会是毁灭性的，但是如果知道这一点，你可以有目的地制作一份抗柠檬酸涂料。用它可以制作奇妙的图案，也可以去除你不想要的锈斑，与商品漂白剂类似，但比其安全许多。

柠檬汁是一种天然、无毒漂白剂，可以有效地去除织物上的铁锈，在使用铁作为媒染剂作用在某些植物染料上的时候需要记住这点。事实上，你还可以用柠檬汁，在用铁媒染的织物上，制作一些带有艺术气息的、有趣的图案。

要制作一份柑橘类防染剂，只需要将柠檬汁挤到一个罐子中，使用时用刷子直接涂抹在织物上即可。也可以按需用水稀释柠檬汁，以达到一种更微妙的效果。

# 用来印花与绘画的染膏

直接应用植物染料和媒染剂的效果也是非常令人满意的。使用染膏可以更精准地把握染色效果，它可用于绘画、模板印花和绢网印花等染色方式。我一般用瓜尔胶来使染液增稠以制成染膏，瓜尔胶作为天然食品增稠剂，在许多食品店都有售。

以下是使用染膏时的一些简单指南。

- 确保织物在染色前经过仔细清洗。你也可以选择对织物进行预先媒染，但要考虑媒染剂对即将使用的染料是否会有影响。
- 记住不同的纤维“喜欢”不同的媒染剂。植物纤维（如棉、麻、亚麻纤维）更喜欢丹宁酸或醋酸氯等媒染剂。动物纤维，如丝绸、羊毛和皮革，则更喜欢明矾。许多媒染剂是粉状的，很容易制成膏状。
- 注意：在混合媒染剂粉末的时候，一定要带上防尘面罩，以避免细小的颗粒刺激你的鼻子、喉咙和肺。

## 制备媒染剂、改性剂和抗染膏

根据以下配方，可以制备 1 杯媒染剂、改性剂和抗染膏。

明矾媒染膏

2 汤匙瓜尔胶粉

1 汤匙明矾

铁媒染膏

2 汤匙瓜尔胶粉

1 茶匙铁粉

酸性改性剂

2 汤匙瓜尔胶粉

1 茶匙柠檬汁

碱性改性剂

2 汤匙瓜尔胶粉

1 茶匙苏打灰

首先，准备一台植物染色专用搅拌机。向搅拌机中倒入一杯热水，放入你想要的媒染剂或改性剂，然后加入 2 汤匙瓜尔胶粉（分 3 次加入），将其混合均匀。如果没有搅拌机，也可以用小型的搅拌器和玻璃梅森罐来代替，向梅森罐中加入一杯热水，然后加入瓜尔胶粉（也分 3 次加入，这样混合物才不会结块）。用力搅拌，直到瓜尔胶粉完全、均匀地溶解在热水中。

根据想要创作的色彩，可以制作更弱或更强的媒染剂或改性剂。你可以使用媒染剂（铁粉、明矾或丹宁酸粉）、柑橘类防染剂（柠檬）、改性剂，如用酸性改性剂（柠檬、醋或柠檬酸粉）或碱性改性剂（苏打灰、小苏打或石灰）来改变你的颜色。

## 植物染膏的制作

### 用新鲜植物原料制作还原染料

如果使用新鲜的植物原料制作植物染膏，要确保从所选的植物中提取出了颜色最深的染料。要制出最浓的染料，就要保证所使用的水适量。把液体煮沸，然后小火煨，使多余的水分蒸发出去，以制作出更浓的染液（就像制作糖浆一样）。

要将植物染料制成膏状，需取 1 杯热的、浓缩的植物染液（热的染料原液将有助于彻底溶解瓜尔胶粉）和 2 汤匙瓜尔胶粉。

使用染色专用的搅拌机，或在一个玻璃罐中手动搅拌，加入瓜尔胶粉，确保粉末均匀溶解，制出光滑、黏稠的染膏。

可以通过调整在溶液中加入染料原液的多寡来改变染膏颜色的深浅。

如果使用天然染膏进行绢网印花，需要在绢网上至少刷 7 遍染膏，而普通的合成印花膏则需要 3 遍。

### 绘画和印花后的固色

为了让染料更好地与织物结合并进一步固色，可以用蒸汽将染膏固定在织物上，因为蒸汽能够固定染料纤维分子。

准备一块干净的厚棉帆布，小心地将干燥的印好图案的织物卷起来，用棉帆布裹好。然后，用橡皮筋或粗麻线固定住织物卷轴的两端。

将织物放入蒸笼中蒸 40 ~ 60 分钟。展开织物，让其冷却，放在通风的地方晾干，避免阳光直射。你的织物现在就可以使用了。

# 模板印花

模板印花是一种在纺织品上进行简单图案设计的有趣的方法。它是最古老的印花方法之一，也被称为凸板印花。模板印花可利用植物染料，在纺织品、纸张和其他多孔表面上制作出凹凸效果和图案。尽管在制作更复杂的印花图案时需要不少步骤，但这些都是值得的。印花用的模板刻好以后，就可以在染色时重复使用了，它既可以用于制作重复的手工图案，也可以用于体验不同的颜色。

## 使用现成物品进行的简单印花

使用膏状的植物染料、媒染剂和改性剂进行模板印花和使用你家里或工作室里的现成物体一样简单。

任意大小的玻璃罐子或杯子，都可以拿来蘸取染膏，印在织物上，从而制出重复的环形图案。

使用铅笔上的橡皮也可以制作出小而美的实心圆圈。

可以将海绵切割成简单的形状，直接用在织物上。

许多植物的茎皮、叶子、种子和花，都可以直接用作印花工具来制作有趣的图案和纹理。

其他能够印出漂亮的现成形状的物品有旧门把手、水果篮、马铃薯压碎器，当然，马铃薯本身也能用来雕刻成不同形状的物体！

请注意，一旦你将一个物品用来染色，它就不应该再出现在你的厨房里了。

## 从零开始制作模板

你可以在艺术品商店或手工店里买到麻胶板。

**绘制设计草图** 制作模板的第一步就是在一张纸上画出图案的设计草图。然后，你可以直接将其绘制到麻胶板上开始雕刻，或者可以使用碳纸，将图案直接从草图转移到木板上（记住，如果使用这种方法，你的草图将会被反转）。

**将你的设计雕刻出来** 用简单的雕刻工具（可以在当地的艺术品商店买到），将不想印的部分麻胶板刻掉，剩下的部分就是你的图案了。

**印花** 仔细清洗织物，并对其进行预先媒染。将少量的染膏抹在模板上。模板上的染膏应保持轻薄、均匀，这样才能清晰地展现出你的设计。

下一步，将均匀涂上染料的模板反转过来，找准位置印在织物上。如果要在一大块织物上进行印花，最好先在一个平整的表面上垫上一块苫布，然后使用 T 形别针将织物固定在苫布上，让其保持平整、紧绷状态，且不发生移位。按住模板，并对整个模板均匀施力。

**固定印花图案** 让染料完全干燥，这样印出的图案不会模糊。干燥时，用一块干净的棉布覆盖在印花图案的表面，然后使用蒸汽熨斗熨烫图案，使其固定，或者将织物卷起来，用棉帆布裹好（这样可以防止图案被涂抹或转印），并将卷好的织物放在蒸锅中蒸 40 ~ 60 分钟。

你的天然印花纺织品现在已经印好了，可以用中性肥皂轻柔地进行洗涤，以去除残留染膏所带来的僵硬感。

# 术语表

**酸** 一种溶于水后能使溶液的pH值小于7的化学物质。

**碱** 一种溶于水后能使溶液的pH值大于7的化学物质。基本上，碱与酸是相对的物质。在染色中最常使用的碱包括碳酸钠（苏打灰）和碳酸氢钠（小苏打）。

**明矾媒染剂** 几种被称为矾的化合物被用作无毒的染色媒染剂，以帮助提取和改变染料颜色，包括硫酸铝钾、明矾浸酸和硫酸铝，这些都是纺织品艺术中最常被使用的矾，同时也被用于市政净水。

**醋酸铝** 铝与醋酸反应形成的几种盐。这种金属媒染剂可用于纤维素纤维或植物纤维的染色。

**硫酸铝** 一种化学物质，化学式为$Al_2(SO_4)_3$，可以用于动物纤维和植物纤维的媒染，以及改变植物染料的颜色。

**生物多样性** 地球上不同生命种类的多样性。它是不同生态系统中存在的各种生物体的多样性的量度。

**生物区** 从生态和地理角度定义的区域。一个地区的植物、动物和生态系统的生物多样性，通常是由生物区定义的。

**副产品** 在做某件事或制作某样其他物品时，无意地但不可避免地生产或产生的一种次要产物。在植物染色中，这是很常见的。例如，作为染料来源的石榴皮，是制作新鲜石榴籽鸡尾酒所产生的废弃原料。

**碳酸钙** 也被称为白垩，由三种主要元素构成：碳、氧和钙。它是一种在世界各地都很常见的物质，贝壳、珍珠及蛋壳中也含有碳酸钙。

**氢氧化钙** 也被称为石灰或酸洗石灰，强碱性，可以作为靛蓝染浴的还原剂，还可以作为改性剂。

**纤维素纤维** 一种由植物产生的结构性纤维。由与葡萄糖分子非常相似的单位组成大分子，形成强大的纤维。纤维素纤维也被称为蔬菜纤维，包括棉花纤维、黄麻纤维、大麻纤维和亚麻纤维等。

**塔塔粉** 一种可选择性添加的物质，通常与明矾媒染剂一起加入染浴。通常用来软化羊毛织物，并提亮织物色调，例如用在茜草根染浴中。

**直接应用** 一种染色方法，即将染料通过如涂画、喷涂或印花的技法，直接作用在纺织品或其他表面上。

**染料** 在纺织品术语中，一种以分子形式附着在纤维上的可溶性物质。

**染锅** 即烹饪用的锅，但被专门用来制作染料，不能再被用作烹饪食物或其他活动。

**提取物** 一种浓缩的含有活性成分的制剂。

**缩水** 羊毛纤维互锁的一种方式。

**果糖** 一种浓缩型的糖，有助于制作靛蓝染浴。

**瓜尔胶** 一种无毒的增稠剂，可用于制作天然染膏。

**铁媒染剂** 用铁粉或硫酸亚铁作为常见的铁媒染剂，可影响植物染料的色泽。

**染色牢度** 也称色牢度，一种衡量染料材料的耐褪色性的度量。色牢度主要取决于染料本身的分子结构，但也会受到纤维或污染物的影响。

**媒染剂** 一种化学物质，通过与纤维和染料结合，使染料附着在纤维上，并能影响某些染料产生的色相。对于纤维亲和性非常低或没有纤维亲和性的染料，媒染剂是必需的。媒染剂可在染色前（预先媒染）、染色时和染色后（染后媒染）使用，视染料的性质、纤维和媒染剂的种类而定。

**天然纤维** 一种从植物、动物或矿物质中获得的纤维。天然纤维可按其来源分为纤维素纤维（来自于植物）、蛋白质纤维（来自于动物）和矿物纤维。

**有机纺织品** 由在种植过程中没有使用过杀虫剂或除草剂等化学物质的材料制成的纺织品。

**套染** 给天然有色纤维染色，或给染色后的织物染色。

**pH 值** 用于测量水合氢离子在任何给定溶液中的浓度。酸性溶液的 pH 值小于 7；碱性溶液的 pH 值大于 7。pH 值为 7 的溶液是中性的，正常 pH 值的范围为 0 ~ 14。

**颜料** 一种可溶于水的有色物质，通常以细粉形式存在。它被用来给许多涂料上色，包括一些纺织品涂料，以及几乎所有的用于绢网印花的油墨。

**蛋白质纤维** 由氨基酸组成的生物聚合物。所有毛发基纤维，如羊毛、马海毛和安哥拉兔毛，都是蛋白质纤维或动物基纤维。蚕丝也是一种蛋白质纤维。

**扎染** 一种染色技术。在扎染中，先对织物进行扎、缝、缚、缀、夹等，然后再进行染色。当展开织物时，图案就会出现。

**煨** 即将沸腾的状态，锅底有气泡冒出，但水不沸腾，水温在 85℃左右。

**苏打灰** 也被称为洗涤碱和苏打晶体，化学式为 $Na_2CO_3$，是一种碳酸钠盐（可溶于水）。它是一种强碱性物质，可用作植物染料的改性剂和清洗剂。

**不锈钢** 一种耐腐蚀性金属。通常推荐使用不锈钢容器进行染色。它是由铁与其他金属，如铬、钼、镍等的合金制成的。

**丹宁酸** 由橡树皮、瘿、橡子等中提取的化合物的混合物。采用丹宁酸处理可以提高染色纤维的耐洗度。

**还原染料** 还原染料在蛋白质纤维和纤维素纤维上的作用方式相同，都是先以可溶的形式被引入纤维表面，然后再转化成不溶的形式。

**耐洗度** 一种抵抗染料从纤维上洗掉的能力。

**洗涤碱** 苏打灰（$Na_2CO_3$）的另一种叫法，是一种强碱性物质，常用作植物染料改性剂和清洗剂。

**纤维重量** 指干燥纤维在浸泡前的重量，用以确定应该使用的染料植物原料和媒染剂的重量；在利用浓缩的染液染色时，染液用尽所能染出的纤维的重量。

**产品重量** 用于染色的材料的重量。

# 自然色彩资源

除了在你自己的后院、厨房或当地健康食品商店的草本专区收集和收割原料以外，你还可以从以下地方购买媒染剂、植物染料提取物和纺织品、纤维和织物补给。

ALR Dyeing
www.alrdyeing.com

A Verb for Keeping Warm
www.averbforkeepingwarm.com

Aurora Silk
www.aurorasilk.com

Botanical Colors
www.botanicalcolors.com

Dharma Trading Company
www.dharmatrading.com

Bio Hues
www.biohue.myshopify.com

Fibershed Marketplace
www.fibershed.com

Habu Textiles
www.habutextiles.com

Maiwa Handprints
www.maiwa.com

Woolery
www.woolery.com

## 教育资源

California College Of The Arts Textile Program
www.cca.edu/academics/textiles

Center For Ecoliteracy
www.ecoliteracy.org

Centre For Sustainable Fashion
www.sustainable-fashion.com

Couleur Garance
www.couleur-garance.com

Lost In Fiber
www.abigaildoan.com

Rowland and Chinami Ricketts
www.rickettsindigo.com

Fibershed
www.fibershed.org

India Flint
www.indiaflint.com

Permacouture
www.permacouture.org

Permaculture Principles
www.permacultureprinciples.com

Textile Arts Center
www.textileartscenter.com

Local Wisdom
www.localwisdom.info

Slow Fibers Studio
www.slowfiberstudios.com

The Edible Schoolyard
www.edibleschoolyard.com

Voices Of Industry
www.voicesofindustry.com

Wildcraft Studio School
www.wildcraftstudioschool.com

UC Botanical Garden At Berkeley
www.botanicalgarden.berkeley.edu